GLOBAL KOREAN FOOD·KIMCHI

最简单、
最健康、
最地道的

韩国泡菜

[韩]文仁暎 著 郭永强 译

中原农民出版社
·郑州·

CONTENTS 目录

白菜泡菜

02

萝卜泡菜

03
奇味泡菜

04
泡菜的**美味作料**

泡
菜，任何人均能腌制

虽然我们吃的东西越来越多样、越来越丰盛，但在饭桌上泡菜依旧是不可或缺的。每年到了晚秋，到处都充满着关于准备过冬泡菜的谈论。每年11月，过冬用的白菜与萝卜开始涌现在市场。色泽良好的干辣椒与辣椒粉，绿生生的雪菜与水芹也开始应时丰盛。无论是传统市场，还是百货店、大型卖场、小胡同超市，全部都塞满了过冬泡菜的材料。看到饱满成熟的辣椒与萝卜，产生一种“我也想尝试腌制泡菜”的想法也是在所难免的。虽然没有自信，但是心中更不想错过如此新鲜惹人的蔬菜。

本书就是带着这种心情出发的。在丰盛的过冬泡菜季，如果任何人都能腌制泡菜，那可是再好不过的事情。有好的材料、有适合的口味，那么无论谁都值得去挑战一下。而且，此时材料便宜、天气不热，腌制成功率很高。只要愿意挑战，第一次便是最佳时机。大部分的泡菜都是腌渍蔬菜涂抹搅拌作料而成的，比想象的要简单吧？本书中讲述了许多技巧非凡、手艺独特的腌制泡菜的基本方法。

书中的泡菜谱均以2棵白菜，1捆小萝卜此种小分量为基准。这是为家庭人口少，手艺不精，没有适当的保管泡菜地方的初学者而特意设定的。

泡菜的完成量用升标示。其包括汤中的材质与汤水的分量。大部分泡菜都是用桶或密封容器贮藏，以升为基准，大致看一眼便可知分量。

各种泡菜的制作方法通过图片，详细展示给大家。菜谱上标有各种泡菜的熟成时间与温度。

剥蒜或搅拌带有辣椒粉的作料时，需准备卫生手套，这样之后手才不会辣。

把萝卜切成丝这种任务的量是最大的。因萝卜大且质硬，不太容易切，所以最好能准备切丝刀。

01 白菜泡菜

배추
KIMCHI

过冬泡菜季上市的白菜，心实，叶子饱满清脆，水分多，且有甜味，用于任何料理均可成美味。将成熟的白菜用盐腌渍，并与由辣椒粉、鱼酱、酱油等制成的多种作料进行搅拌，腌成食用的泡菜。它是我们的饭桌上不可或缺的美味。此外，春天的小白菜、一年中均可见到的黑白菜与洋白菜也可以轻易地腌成泡菜食用。

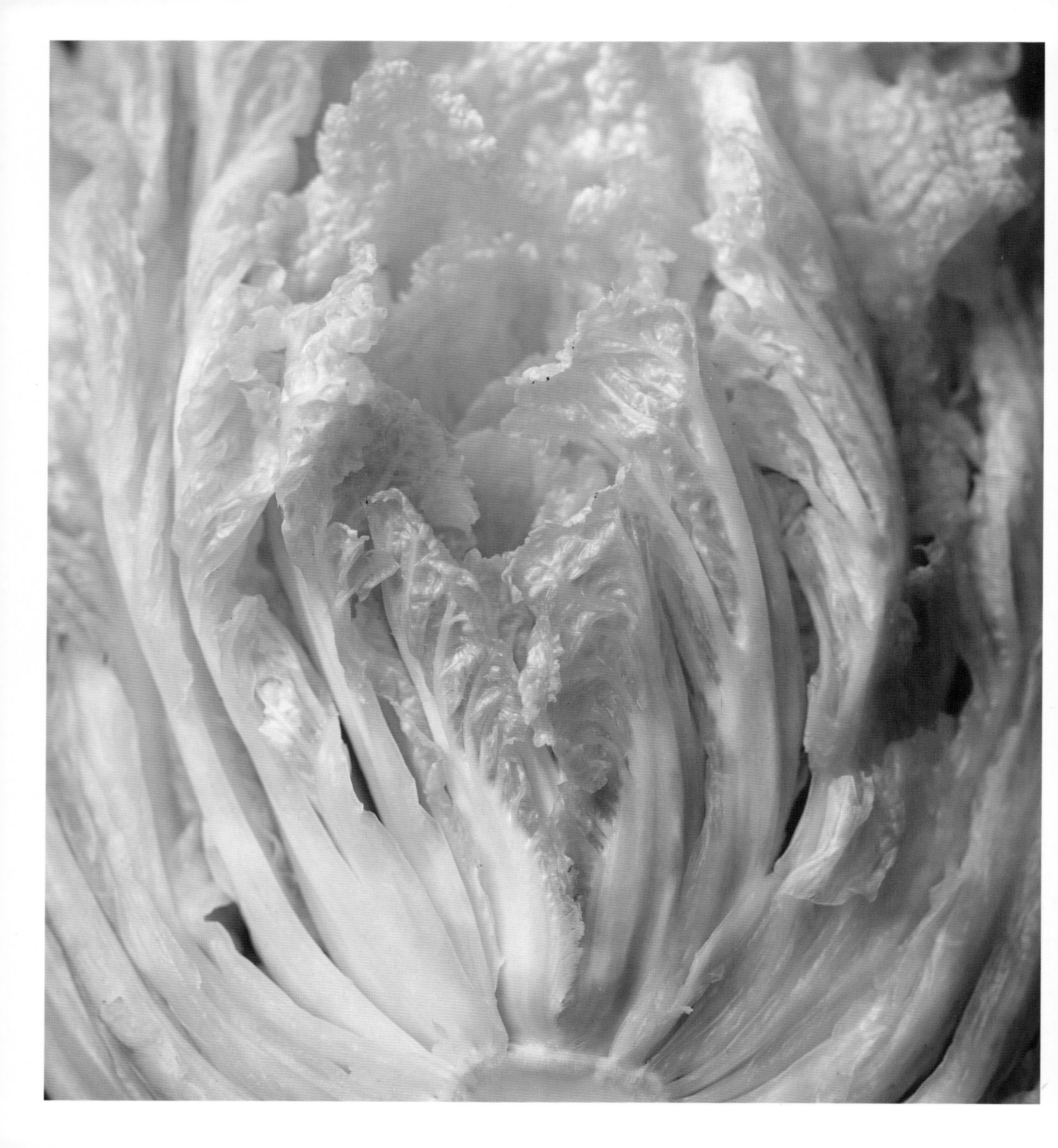

过冬泡菜的核心

腌渍白菜

腌渍白菜的时间，随白菜大小、状态、季节而略有不同。因此对于初学者是个不易的过程。
大概是秋季腌渍8小时、夏季腌渍4小时。双手抓住白菜帮，将其折弯，然后调试白菜心的咸淡。

白菜2棵
粗盐2杯
水2升

01 将白菜外部的叶子摘掉。（将其煮后并晾干，可成干白菜）
02 在白菜根处划出一道口子，将白菜切成两半，洗净后，沥除水分。
03 为了使厚白菜帮被均匀地腌渍，可在根部再划一道口子。
04 在水中放入1杯粗盐，煮沸。
05 将沸腾的盐水，以白菜底根为中心浇洒。
06 一层层剥开白菜叶，将剩余的粗盐均匀地撒上并将白菜外面的粗盐搓匀。
07 2小时翻一次，如果想快速腌渍的话，可以1小时翻一次。观察白菜的状态，一般腌渍6~8小时即可。
08 在净水中涮洗4次，并在筛箩中沥除水分。即使表面不干，只要水不嗒嗒直滴就行。

+TIP

如果在入睡前腌渍白菜，夜间翻个一两次就行。但是这样的话，腌渍时间就会变长。如果前后涂上盐水经常翻，便可缩短腌渍时间。

腌渍白菜的方法

摘掉外面叶子。

切成两半并清洗。

在底根处再划一道口子。

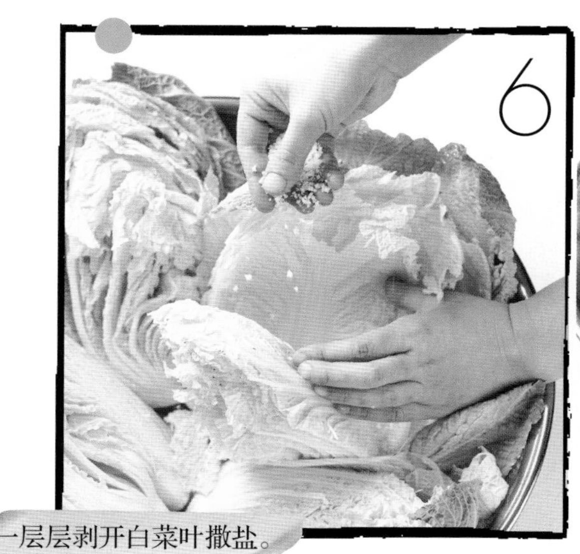

一层层剥开白菜叶撒盐。

翻白菜，腌渍6~8小时。

水中放盐并煮沸。

以底根为中心浇洒。

在水中涮3~4次。

在筛箩中沥除水分。

白菜泡菜，需在腌渍过的白菜叶上一层层仔细涂抹作料，味道才会更加合口。

最基本的泡菜

白菜泡菜

如果准备好了腌渍过的白菜，那么将作料搅拌后覆盖在白菜心内便不是难事。首尔京畿式白菜泡菜的特征是：放入虾米、黄花鱼酱、黄石鱼酱等，味道清淡爽口。随着地方不同，也有将牡蛎、虾等其他海产品放入食用的，如此更添一层风味。

总量8.5升

腌渍过的白菜2棵

萝卜1个，
香葱80g，
水芹70g，
雪菜100g，
虾米2/3杯，
辣椒粉1杯，
蒜泥8大匙，
生姜汁4大匙，
糯米糊4大匙，
海带水2杯

盐水
水1杯，
细盐1/2小匙

01 将萝卜用柔软的丝瓜瓤搓洗过后，切成10cm长，然后再切成0.4cm厚的萝卜丝。
02 去除香葱的葱根与杂叶，将剩余的洗净并切成4cm长。
03 把水芹洗净、去掉叶子后，切成4cm长。
04 把雪菜洗净并切成4cm长。叶子大的可切成两半。
05 把虾米切碎。
06 均匀地搅拌碎虾、辣椒粉、蒜泥、生姜汁、糯米糊、海带水。
07 再放入香葱、水芹、雪菜，均匀搅拌，制成作料。
08 将腌渍过的白菜外面的1~2片叶子摘掉。
09 把制作好的作料一层层均匀地抹在剩余的白菜上，之后将外层的叶子像裹泡菜一样整齐地卷好，盛置到泡菜桶中。
10 在剩余的作料中注入盐水，调和后泼洒在泡菜上。
11 将之前摘掉的白菜叶覆盖在泡菜上面，以隔绝空气。
12 室温中经过2天熟成后，再放入冷藏室；经过1周左右的熟成，即可食用。夏季时熟成1天便可食用。

+TIP
在放入作料前，可将白菜心中的小叶子摘掉，用来裹肉食用，这也是过冬泡菜季的一道美味。如果作料有剩余的话，可加入面粉与水揉和，摊制成泡菜饼食用，味道也不错。

白菜泡菜制作方法

把萝卜切成丝。

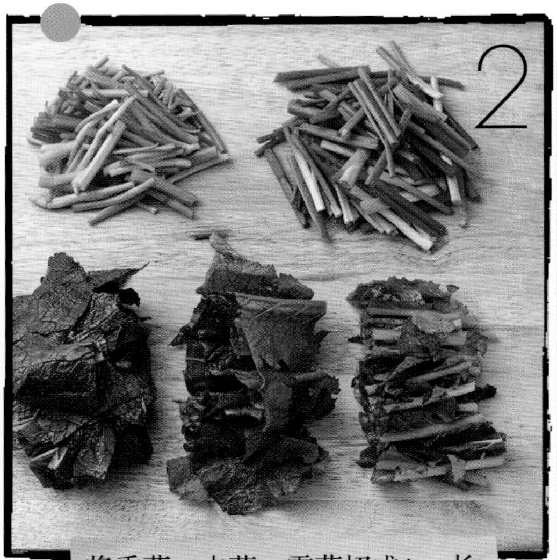

将香葱、水芹、雪菜切成4cm长。

把虾米切碎。

将萝卜、香葱、水芹、雪菜与调好的作料搅拌在一起。

把作料一层层涂抹在腌渍过的白菜上。

备好作料材料。

盛置到桶中。

洒入剩余的作料及盐水，
盖上白菜叶。

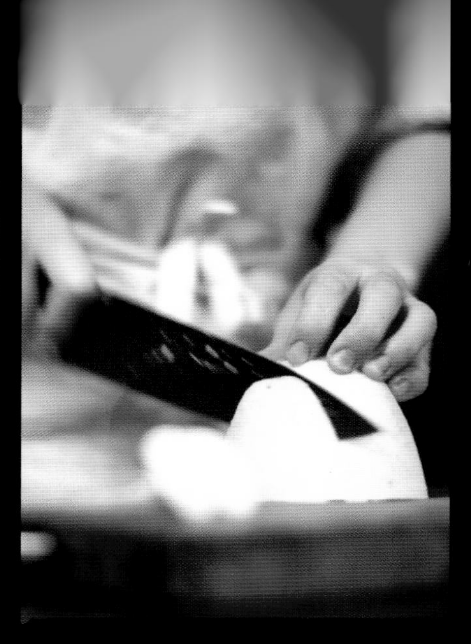

在制作全罗道式泡菜作料时，需将干辣椒充分泡开，这样汤料才不会粗糙，味道也

放入海鲜，味道醇厚爽口

全罗道式泡菜

诸多地方的泡菜中，全罗道式泡菜的滋味最醇厚。它作料丰富，较辣咸，但泡菜汤却美味可口。因为是海产丰富的地区，所以多使用牡蛎、虾等，以及鳀鱼酱、带鱼酱、黄花鱼酱等。

总量8.5升

腌渍过的白菜2棵

萝卜1个，
梨1/2个，
香葱80g，
水芹70g，
雪菜100g，
虾米1/4杯，
生虾100g，
干辣椒50g，
辣椒粉1/2杯，
蒜泥8大匙，
生姜汁4大匙，
鳀鱼液酱1/2杯，
鳀鱼鲜酱1大匙，
糯米糊2杯，
海带水2杯

盐水
水1杯，
细盐1/2小匙

01 将腌渍过的白菜外面的1~2片叶子摘掉。
02 将萝卜用柔软的丝瓜瓤搓洗过后，切成10cm长，然后再切成0.4cm厚的萝卜丝。梨与萝卜一样，切成相似的大小。
03 去除香葱的葱根与杂叶，将剩余的洗净并切成4cm长。
04 去除水芹叶子，将其切成4cm长。
05 把雪菜洗净并切成4cm长。叶子大的可切成两半。
06 把虾米切碎。
07 购买的生虾不要太大，虾皮要薄。将其在淡盐水中洗后捞出，除去水分，带虾皮一块切碎。
08 摘掉干辣椒蒂，用剪刀三等分，掏出辣椒籽后用水冲涮。之后在净水中泡20分钟左右。
09 在打碎机中放入浸泡过的干辣椒以及少量海带水，进行精细打磨。
10 再加入辣椒粉、海带水、糯米糊、蒜泥、生姜汁、碎虾米、碎生虾、鳀鱼液酱、鳀鱼鲜酱一起搅拌制成作料。
11 在作料中放入萝卜、梨、香葱、水芹、雪菜，均匀地进行搅拌。
12 将制成的作料一层层地涂抹在白菜叶上。
13 用外层的叶子，将白菜包裹，然后整齐地盛置在泡菜桶中。
14 把剩余的作料用盐水调和后，洒到泡菜中，再用摘除的白菜叶盖好。

+TIP

如果泡菜量太多，可提前将萝卜丝放到辣椒粉中搅拌，去除萝卜的青气，然后加入各种材料搅拌，这样涂抹于白菜心时会更加方便。随着气候的不同，也可将生明太鱼、生鱿鱼、带鱼等切碎一起搅拌。

全罗道式泡菜制作方法

将萝卜与梨切成丝。

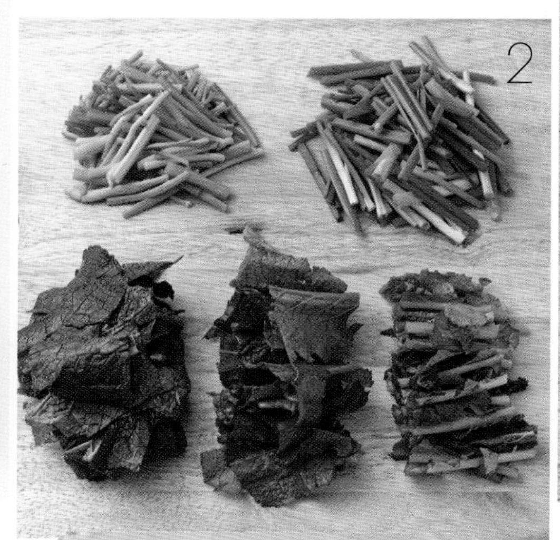

将香葱、水芹、雪菜切成4cm长。

把虾米切碎。

将干辣椒放水中浸泡，加入少量海带水，放入打碎机中打碎。

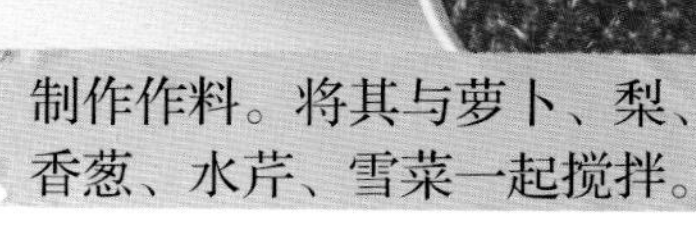

制作作料。将其与萝卜、梨、香葱、水芹、雪菜一起搅拌。

将生虾在淡盐水中涮过后，
去除水分并切碎。

用剪刀把干辣椒三等分，并剔除辣椒籽。

然后一层层涂抹在
腌渍过的白菜上。

盛置到桶中。

将剩余的作料加盐水后洒入，
再用白菜叶盖好。

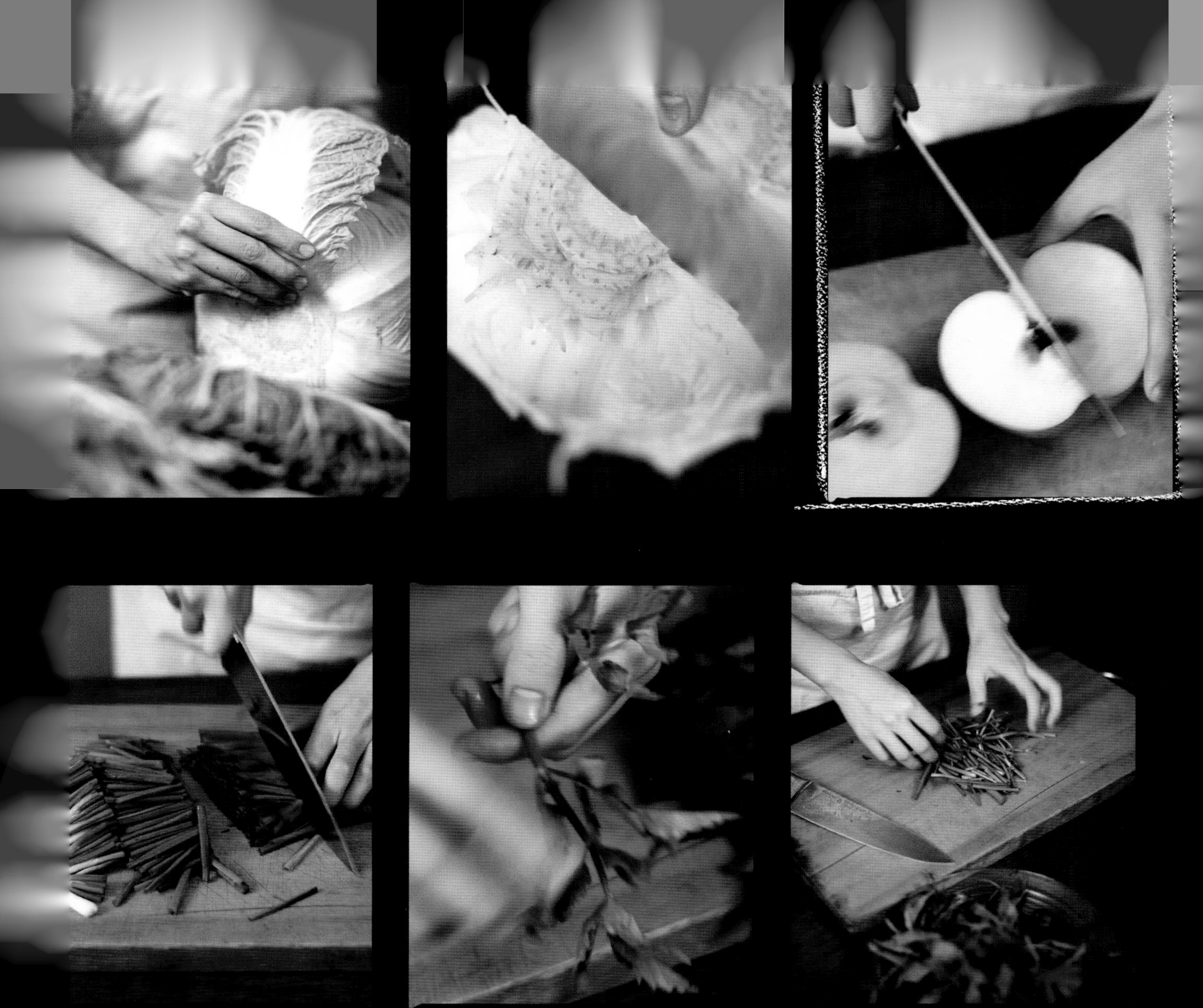

白泡菜，为得出清汤水，不要放入辣椒粉，可放入梨来增添甜蜜爽口的味道。

不用辣椒，干脆爽口

白泡菜

白泡菜是清淡脆爽口味中的一等品。因用清汤水来控制味道，故作料一般不切碎，而是全部切片。虽不放辣椒粉或鱼酱，泡菜会出现异味，但放入梨与栗子，便可以消除此味。放入梨汁，会有爽口甘甜之味。可用梨汁代替水来使用，也可用梨汁进行充分腌制。

总量12升

腌渍过的白菜2棵，
水2升，
粗盐1杯，
梨1个，
萝卜2/3个，
香葱30g，
水芹20g，
大蒜8粒，
生姜2颗，
虾米1/3杯，
细盐若干

汤水

水4升，
海带水5/4大匙，
糯米粉5/4大匙，
蒜泥3大匙，
细盐若干

01 白菜的处理方法与一般腌渍白菜一样，但时间可缩短到4~5小时，之后清洗捞出。因其口感需比白菜泡菜干脆，故将白菜茎腌渍到稍硬程度较合适。

02 将萝卜用柔软的丝瓜瓤搓洗过后，切成5cm长，然后再平切成丝。削除梨皮，切成丝。

03 去除香葱的葱根与杂叶，将剩余的洗净并切成4cm长。

04 去除水芹叶子，将其切成4cm长。

05 去除生姜皮，切成细丝。大蒜也切成丝。

06 将虾米中的水分挤出，放在萝卜、梨、香葱、水芹、蒜丝与生姜丝中，均匀搅拌后，放入盐提味。

07 将腌渍过的白菜外面的1~2片叶子摘掉。

08 将步骤6的作料一层层地均匀涂抹在白菜叶上，之后用外层的叶子像包裹泡菜一样，整齐卷好，盛置到泡菜桶中。

09 将1升水与虾米放入锅中煮沸，然后冷却到温热程度。

10 在剩余的3升水中，放入蒜泥、海带水与糯米糊搅拌，之后放盐提味，用滤网过滤后，注洒入步骤8的泡菜桶中。

11 用之前摘掉的叶子覆盖在泡菜上面，使泡菜不与空气接触。在室温中放置1~2天，然后在冷藏室中熟成1周即可食用。

+TIP

如果想有更深浓的味道，放入虾米水时，可同时放入鳀鱼酱。
如果想有辣味，可追加青阳辣椒或干辣椒籽；如果想有甜味，可追加生姜汁与梅子汁。
放入彩椒等，可带来良好的视觉变化感。

白泡菜制作方法

将萝卜与梨切成5cm长的丝。

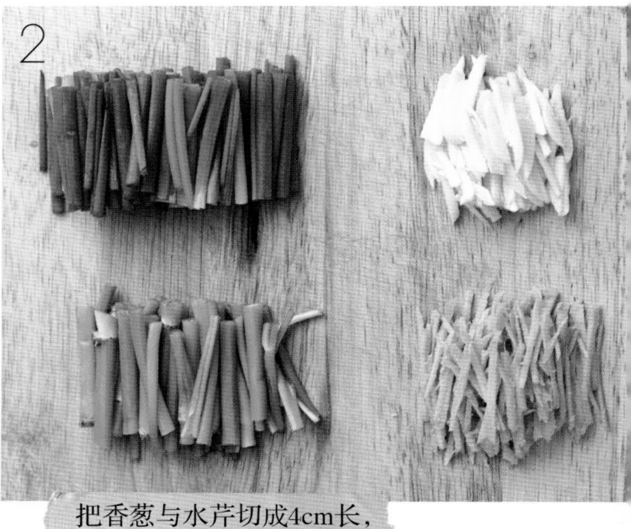

把香葱与水芹切成4cm长，
将大蒜与生姜切成丝。

5

在1升水中放入虾米煮沸。

6

在剩余的3升水中放入各种材料，搅拌后用滤网过滤。

将虾米水与收拾好的蔬菜搅拌，并用盐提味。

4

将作料放入白菜叶中。

注酒汤水。

8

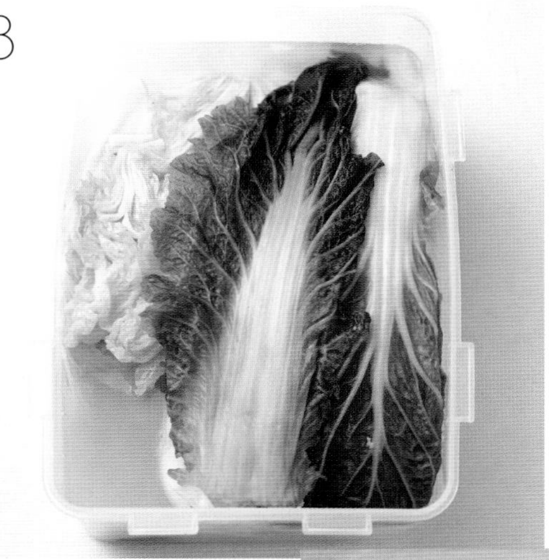

用已摘除的白菜叶盖好。

小白菜，不用腌渍，与作料搅拌后即可食用。越熟成，其味道越爽口。

干脆爽口

小白菜水泡菜

新鲜的小白菜与辣椒，可做成春夏季爽口的小白菜水泡菜。适当熟成时，捞出汤料或盛汤水与米饭一起搅拌食用，味道更佳。如果想快速腌制泡菜并食用的话，可放入少量砂糖。

总量5.5升

小白菜1捆（750g），
红辣椒5个，
洋葱1/2个

糯米糊5杯，
蒜泥2大匙，
生姜汁2大匙，
梅子汁2大匙，
鳀鱼液酱1/4杯，
粗盐1大匙

盐水
水10杯，
粗盐1大匙

01 切除小白菜根，洗净后，切成5cm长。

02 去掉红辣椒蒂，与少量水一起放入打碎机中打碎。

03 剥除洋葱皮，切成厚丝。

04 在糯米糊中放入步骤2的碎辣椒以及蒜泥、生姜汁、梅子汁、鳀鱼液酱、粗盐，均匀地搅拌，制成作料。

05 将作料放进小白菜与洋葱中，稍微搅拌后，盛置于桶中。

06 注洒盐水。

07 放在室温中1~2天，冷藏室中3天进行熟成。

+TIP

用同样的作料也可以制成整体白菜水泡菜，但因体积大且韧，故使用其心叶。

用黄瓜代替小白菜进行腌制，也可以品尝到爽口开胃的水泡菜。

小白菜水泡菜制作方法

将小白菜切成5cm长。

将辣椒与少量水一起放入打碎机中打碎。

把洋葱切成厚丝。

将碎辣椒与剩余的材料一起搅拌，制成作料。

将作料放进小白菜与洋葱中搅拌。

盛置到桶中，注洒盐水。

搅拌剩余白菜而食用

鲜辣小白菜

小白菜8棵

食醋3大匙，
砂糖3大匙，
鳀鱼液酱2大匙，
辣椒粉2大匙，
芝麻2大匙

将小白菜洗净后斜切成2cm长，先与砂糖、辣椒粉、鳀鱼液酱搅拌后，再撒入食醋与芝麻食用。

02 萝卜泡菜

무
KIMCHI

口感爽脆，能提升其他食材味道是萝卜的优点。萝卜不仅是味道十分鲜美的蔬菜，而且有益于肠胃健康，能促进消化。把富含大量维生素C的萝卜腌制成泡菜，可在冬季源源不断地供给我们所需的维生素。萝卜发酵的时候会散发出独特的味道与香气。把萝卜作为水泡菜腌制成熟后，可放入汤水泡食。或蒸食并与烤红薯搭配，也是一道极品美味。饮酒后的第二天，也可用于缓解酒后不适。用萝卜腌制成的小萝卜泡菜或萝卜块泡菜，与热腾腾的汤水饮食，味道相互调和，是四季之中饭桌上的绝配饮食。萝卜虽然是任何时候都可见的蔬菜，但过冬泡菜季出来的萝卜味道更甜，且较硬实，更易于储藏。

如果要提升萝卜块的口感，不要将萝卜皮削太狠，而是微微地刮除。

嚼劲十足

萝卜块泡菜

有着爽脆好口感的萝卜块泡菜，越是熟成，越可以腌出清爽甘甜的味道。萝卜块常为一口大小，不仅方便食用而且有利于盛置到碗中。清爽的萝卜块泡菜与牛杂碎汤之类的肉汤是绝配。

总量4升

萝卜2个，
粗盐1/3杯，
水芹1/3捆，
香葱6根

辣椒粉2/3杯，
虾米1/4杯，
生姜汁4大匙，
蒜泥1大匙，
粗盐若干

盐水
水1/2杯，
细盐1/4小匙

01 用柔软的丝瓜瓤儿搓洗萝卜。
02 将萝卜表皮上的斑疵或脏处用刀刮除，切掉萝卜头部分。
03 将收拾过的萝卜切成2cm厚的片，然后再切成2cm大小的四方块。
04 撒入一定量的粗盐，搅拌并腌渍2小时。
05 将水芹洗净，摘掉叶子。将茎干切成2cm长。
06 去除香葱的葱根与杂叶，将香葱洗净后，沥干水分并切成2cm长。
07 将虾米切碎。
08 如果萝卜变得稍软，水分被腌出，容器内出现了腌水，此时把萝卜捞出，用滤网滤出水分。
09 在萝卜中放入辣椒粉，并均匀地进行搅拌。
10 放入碎虾米、生姜汁、蒜泥并搅拌。
11 放入水芹与香葱，并轻轻搅拌，之后用粗盐提味，盛置到桶中。根据口味喜好，可以用粗盐提味，也可以不放盐直接食用。
12 把搅拌萝卜块后剩余在碗中的作料用盐水调和，之后注洒到萝卜块上。
13 室温放置1~2天后，冷藏室再放置3天左右。熟成后即可食用。

+TIP

萝卜块是萝卜口感的主要体现形式。用丝瓜瓤儿搓洗萝卜皮，连带萝卜皮一起腌制后的口感较好。用同样的作料，与切碎的胡萝卜、洋葱、洋白菜等硬实的蔬菜搅拌后，可轻易制成别样味道的泡菜。如果喜欢浓厚的味道，可用鳀鱼液酱代替粗盐提味，通过增减生姜汁或梅子汁的量来调节甜味。如果想品尝稍辣点的萝卜块，可将3~5根青阳辣椒斜切，并与作料一块搅拌。

萝卜块泡菜制作方法

将萝卜切成2cm大小的四方块。

撒上盐，腌渍2小时左右。

滤除腌渍过的萝卜的水分。

先用辣椒粉搅拌。

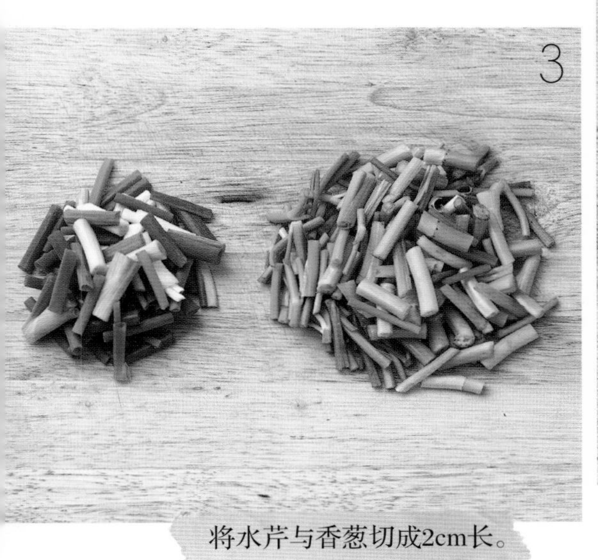

将水芹与香葱切成2cm长。

把虾米切碎。

7

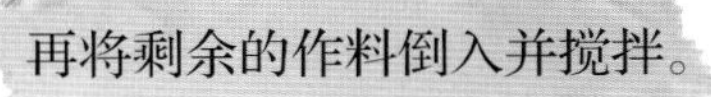

再将剩余的作料倒入并搅拌。

放入水芹与香葱搅拌。

9

将搅拌后剩余的作料用盐水调和，并注洒入桶中。

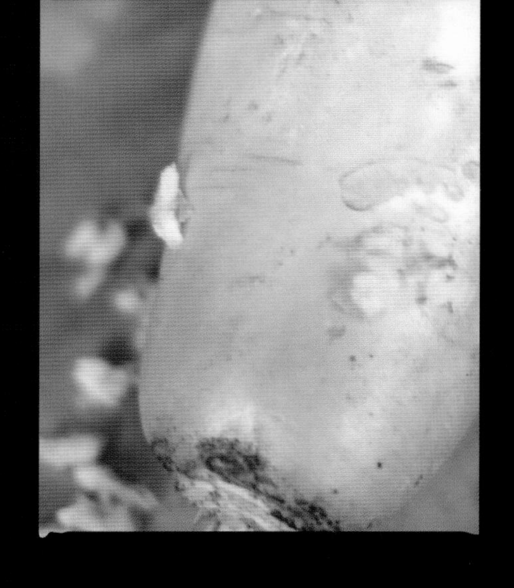

萝卜片泡菜，水多、爽口，但要用有甜味的过冬泡菜季萝卜腌制才够味。

轻松搅拌酸辣味

萝卜片泡菜

将萝卜切成大片，搅拌为酸辣味的泡菜。腌制萝卜片泡菜用的萝卜最好是晚秋或早冬上市的，这样才有味。如果味道较淡，可与过冬剩余的白菜和各种海产物一起搅拌，增加爽口感。

总量4升

萝卜2个，
粗盐1/4杯

辣椒粉1/3杯，
鳀鱼液酱1/3杯，
糯米糊1/2杯，
生姜汁2大匙，
蒜泥1大匙，
虾米1大匙

盐水
水1杯，
细盐1小匙

01 用柔软的丝瓜瓤儿搓洗萝卜。
02 将萝卜表皮上的斑疵或脏处用刀刮除，切掉萝卜头部分。
03 将收拾过的萝卜切成2cm厚的片，较大的可再切成两半。
04 撒入一定量的粗盐，搅拌并腌渍1小时。
05 将萝卜腌渍到前后发软有弹力且可弯曲的程度，用滤网滤除水分，直到萝卜表皮干燥。
06 将虾米切碎。
07 将辣椒粉、鳀鱼液酱、糯米糊、生姜汁、蒜泥、碎虾米全部搅拌，制成作料。
08 将作料洒在萝卜上，均匀搅拌后，整齐地盛置到桶中。
09 向搅拌泡菜的碗中倒入盐水，与作料调和后，注洒到泡菜上。
10 室温放置1天后，冷藏室再放置10天左右。熟成后即可食用。

+TIP

从大型卖场买到的萝卜大部分都没有萝卜叶，但如果大家购买了有萝卜叶的萝卜时，将其叶切成4~5cm长，并与萝卜一起腌渍搅拌。如果萝卜叶量较多时，可将其切成2cm长，并放入到牛肉汤中或与稍焯过的大酱一起放入鳀鱼肉汤中，也十分有味。

萝卜片泡菜制作方法

切掉萝卜头部分，刮除表皮。

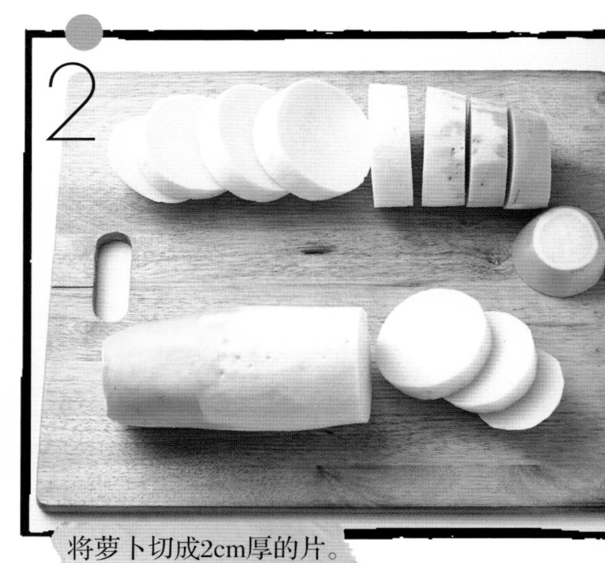

将萝卜切成2cm厚的片。

把虾米切碎。

把作料放在一起搅拌均匀。

撒入粗盐，腌渍1小时。

4

将腌渍过的萝卜滤除水分。

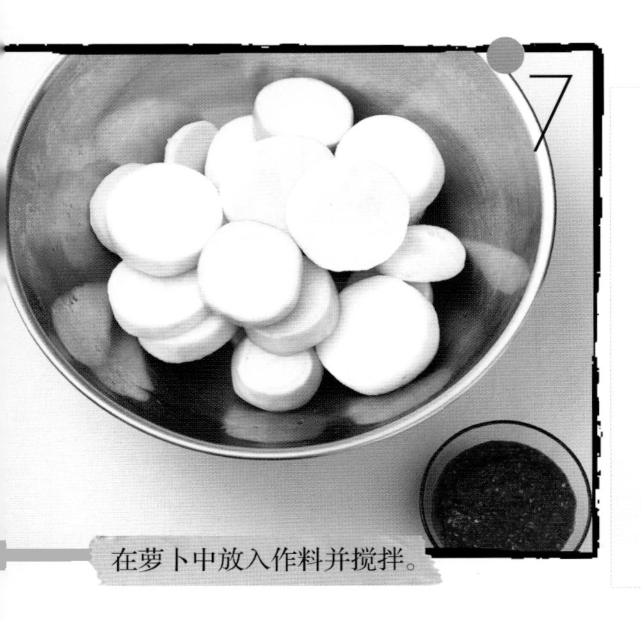

在萝卜中放入作料并搅拌。

将搅拌后剩余的作料用盐水调和，注洒入桶中。

小萝卜泡菜，先从萝卜茎腌渍，之后再稍稍腌渍萝卜叶子部分，这样比较爽口。

腌制嫩萝卜与萝卜叶而成

小萝卜泡菜

用晚秋肉质感十足的小萝卜腌制的小萝卜泡菜，是经过完全熟成后，可随时拿出食用的鲜美小菜。此时的小萝卜一定要挑选结实的，这样口感才好。根据萝卜大小，可将其二等分或四等分，这样便于腌制，也有利于作料渗透。

总量5.5升

小萝卜1捆（2.5kg），
水3升，
粗盐5/3杯

辣椒粉3/4杯，
海带水糯米糊3杯，
蒜泥1/3杯，
鳀鱼液酱1/3杯，
生姜汁3大匙，
虾米1大匙，
粗盐若干

盐水
水1/2杯，
细盐1/2小匙

01 切除小萝卜的枯蔫叶子与小根。将底部沾有泥土的部分用刀刮干净。

02 用刷子将萝卜刷洗干净。

03 在盆中准备好可把小萝卜淹没的水量，撒入粗盐，溶化后将萝卜竖着放入，腌渍2小时左右。

04 为将萝卜叶腌蔫，需再多腌渍1小时。但如果完全腌渍成熟，味道会全无，因此腌渍到有弹力且可弯曲的程度即可。

05 将腌渍过的小萝卜放置到净水中涮洗两三次，捞出后沥出水分。（用滤网过滤到水不流的程度即可）

06 将虾米切碎。

07 将辣椒粉、海带水糯米糊、蒜泥、鳀鱼液酱、生姜汁、碎虾米，一起均匀地搅拌后，浸置10分钟制成作料。

08 将作料洒在萝卜和萝卜叶上并进行搅拌。

09 将萝卜叶一圈圈卷好，按一个方向整齐地放置到桶中。

10 向搅拌过泡菜的碗中倒入盐水，与作料调和后，注洒到泡菜上。

11 在阴凉处放置1~2天后，再放置到冷藏室中20天，熟成后即可食用。

+TIP

小萝卜泡菜一般都是将萝卜挑拣出食用，把萝卜叶留下。将熟成好的萝卜叶在水中浸泡一两小时，洗后挤除水分，加入大酱或辣椒酱炒制成小菜；或者除去作料，放到青花鱼或带鱼罐头中，味道也很好。

小萝卜泡菜制作方法

收拾小萝卜的萝卜茎与萝卜叶。

先把萝卜茎，在盐水中腌渍。

将虾米切碎。

均匀地搅拌作料。

再连同萝卜叶一起腌渍1小时。

在水中涮过后，去除水分。

将作料洒在萝卜与萝卜叶上，并搅拌均匀。

将搅拌后剩余的作料用盐水调和，注洒入桶中。

水萝卜泡菜，因汤水与汤料常一起食用，故其味道清淡为宜。

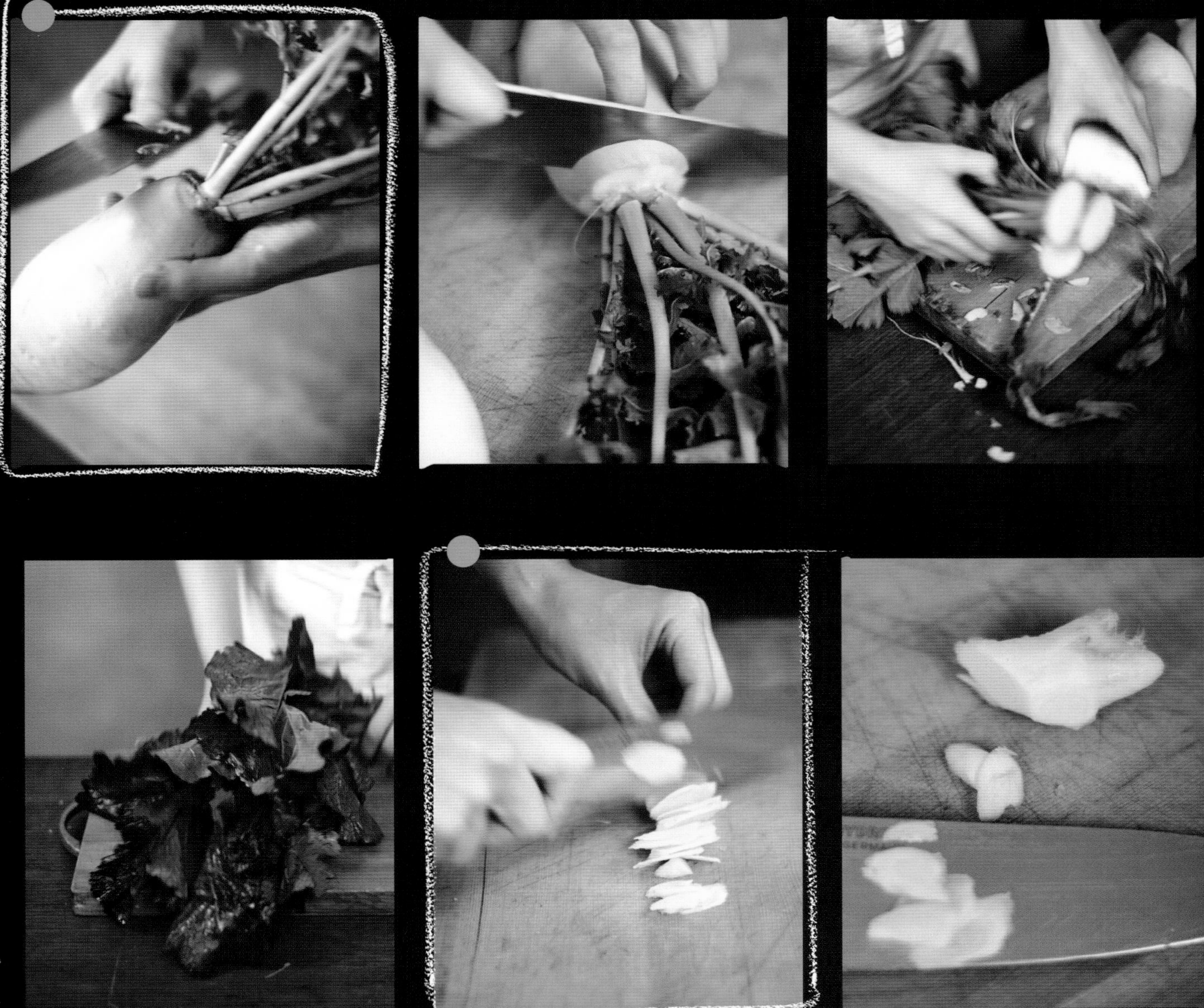

与爽口汤水一起食用

水萝卜泡菜

稍咸的萝卜搭配爽口的梨，可腌制出清爽味道的水萝卜泡菜。因其汤水与汤料常一起食用，所以味道需清淡点。腌渍的方法同其他萝卜泡菜一样，但根据口味喜好的不同，可放入刺海松、柚子、黄瓜等材料增添味道与香气。

总量8.5升

整块萝卜4个，
青雪菜350g，
生姜1/2块，
青阳辣椒5个，
干辣椒5个，
粗盐1/2杯，
水4升，
细盐2大匙

01 用丝瓜瓤儿将整块萝卜搓洗干净。

02 把萝卜叶上的泥土、黑色部分、枯蔫的部分、小根去除，然后从萝卜头处将萝卜与萝卜叶切分开。

03 把萝卜放在粗盐上滚搅，将粗盐均匀地撒到萝卜叶上，腌渍1小时左右。

04 将青雪菜洗净，切成两半。

05 削去生姜皮，洗净切成片。

06 在定量的水中将腌渍过的萝卜与萝卜叶涮洗，之后将水放置好，不要泼掉。

07 在泡菜桶中铺上青雪菜，然后将青阳辣椒、干辣椒、生姜片搅拌后放置其上。

08 将腌渍过的萝卜与萝卜叶也放到泡菜桶中。

09 尝一下步骤6中涮洗萝卜的水，如果淡的话，可放入粗盐提味。

10 然后用滤网滤一下，之后轻轻地注洒到泡菜桶中。

11 在萝卜上面铺上竹帘子，再放置按压石。（为防止材料上浮，需按压保管）

12 在阴凉处放置2天后，再放置到冷藏室中15天以上，熟成之后即可食用。水萝卜泡菜需在低温中慢慢熟成，这样汤水才清爽有味。

+TIP

如果想要整块萝卜都有更清爽的菜相与口感，可将萝卜之外的材料放置到棉布中熟成。此时，为了不使材料浮在汤水上，一定要好好按压。如果放入红雪菜，可制成泛紫光的水萝卜泡菜。水泡菜中一定要放入腌过的辣椒才够味，因此需将辣椒在盐水或酱油中腌渍1周以上。如果没有提前准备，可到市场买点，与泡菜一起进行腌渍。若放入青阳辣椒与干辣椒籽，则可提升泡菜的辣味。

水萝卜泡菜制作方法

1

将萝卜与萝卜叶处理好，并切掉萝卜叶。

2

把萝卜放在盐中滚搅，再往萝卜叶上撒盐，进行腌渍。

5

可在涮洗过泡菜的水中加盐提味。

6

在泡菜桶中铺上青雪菜，之后放上辣椒与生姜。

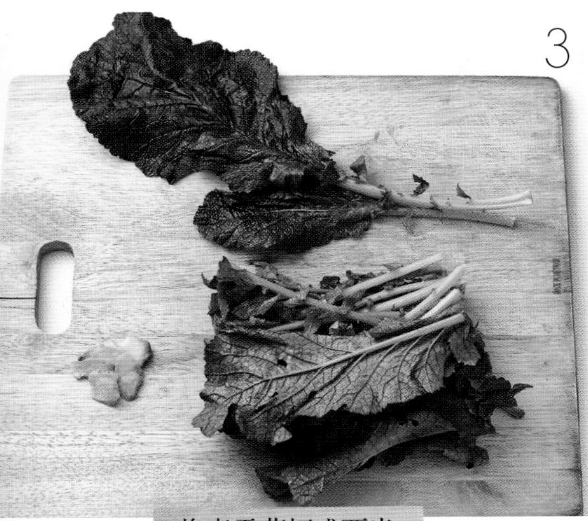
3

将青雪菜切成两半，
生姜切成片。

4

把腌渍过的萝卜与萝卜
叶在定量的水中涮洗。

7

放置好萝卜与萝卜叶。

8

将涮萝卜的水边过滤，边注酒。

9

用按压石按压保管。

萝卜头泡菜，用盐把整个萝卜腌渍后，放入作料并缓缓搅拌，直到没有菜青味后即可食用

夏季干脆萝卜代表

萝卜头泡菜

萝卜头泡菜是春夏季节最好不过的小菜。比起萝卜头，萝卜叶更适合做泡菜，为了食用此种泡菜，最好挑选萝卜叶茂盛油绿的。可利用萝卜叶丰富的菜汁腌制成爽口的汤水泡菜，还可将萝卜叶用鱼酱提味，成为可口的拌菜。熟成的萝卜头泡菜也可以用于石锅拌饭或冷面。

总量5.5升

萝卜头1捆（1.5kg），
洋葱1个，
红辣椒4个，
青阳辣椒2个，
粗盐4大匙

糯米糊2杯，
辣椒粉12大匙，
生姜汁8大匙，
蒜泥4大匙，
朝鲜酱油3/4杯

盐水
水1/2杯，
细盐1/4小匙

01 将枯蔫的叶子摘除，用刀将萝卜头的表皮刮除，在流水中净洗，再沥除水分。
02 将萝卜叶切成5cm长，萝卜头切成两半。
03 把洗净的辣椒斜切成辣椒圈。剥去洋葱皮，切成丝。
04 在处理好的萝卜头和萝卜叶上均匀地撒上粗盐，腌渍1小时左右。
05 将糯米糊、辣椒粉、生姜汁、蒜泥、朝鲜酱油均匀搅拌并浸泡，制成作料。
06 把作料放入到盛置有萝卜、辣椒、洋葱的盆中，轻轻搅拌后，盛置到桶中。
07 把盐水注入搅拌过作料的碗中，与作料调和后，注洒到泡菜上。
08 在室温中放置1天左右进行熟成。

+TIP

腌制泡菜时，放入朝鲜酱油可提味，放入盐可利口。如果放入鱼酱，则味道会变得更醇厚。若将一半生姜汁与一半梅子汁搅拌后放入，可使泡菜更加爽口。制作萝卜头泡菜时，如果把萝卜搅碎，菜青气就会十分严重，因此在搅拌时轻轻翻搅即可。若搅拌时放入1大匙绿豆淀粉，则能除去特有的菜青气，使味道更柔和。

萝卜头泡菜制作方法

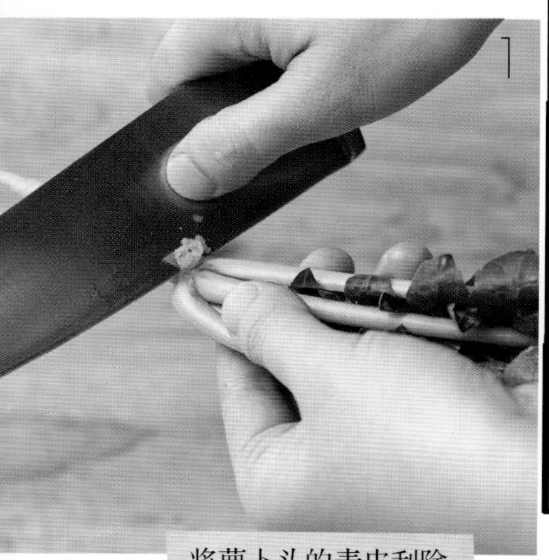

将萝卜头的表皮刮除。

洗净后沥除水分。

切成5cm长。

撒入粗盐，腌渍1小时。

搅拌作料并浸泡。

把辣椒斜切成圈，洋葱切成丝。

把作料放入到处理好的各食材上，并轻轻搅拌。

盛置到桶中，并将搅拌后剩余的作料用盐水调和，注洒入桶中。

满满腌制，多种享受

萝卜头水泡菜

萝卜头水泡菜鲜香爽口。腌渍萝卜之前，先洗净，然后用盐腌渍，之后不要涮洗，可保留特有的香气。制作时的糯米糊可用面糊或打碎的米饭来代替。

总量8.5升

萝卜头1捆（1.5kg），
粗盐1/3杯，
青阳辣椒8个，
红辣椒4个，
水1升

汤水
辣椒粉2小匙，
糯米糊2杯，
蒜泥1/3杯，
生姜汁1大匙，
水3升，
海带水2杯，
细盐1大匙，
鳀鱼液酱1大匙

01 摘除枯蔫的叶子，用刀将萝卜头的表皮刮除。
02 将收拾好的萝卜在流水中冲洗几次，之后沥除水分。
03 在定量的水中放入粗盐，溶化后将萝卜放到盐水中腌渍。
04 萝卜腌渍15分钟后，翻搅一次，再腌渍30分钟。如果萝卜叶变软，捞出用滤网滤出水分。
05 将糯米糊与辣椒粉均匀搅拌并浸泡，制成辣椒酱。
06 将青阳辣椒与红辣椒斜切成圈，用水冲涮，除去辣椒籽。
07 把海带水、细盐、鳀鱼液酱放入水中，并调试咸淡，之后将步骤5的辣椒酱与蒜泥、生姜汁放在一起均匀搅拌。
08 将步骤7的汤水用滤网过滤一次。
09 将腌渍过的萝卜盛置到泡菜桶中之后，将辣椒均匀地放上。
10 将过滤好的汤水，均匀地浇洒到泡菜桶里，再一次提味。
11 在室温中放置半天后，再放置到冷藏室1周左右，熟成后即可食用。

+TIP

如果喜欢辣味，可加入干辣椒籽。根据口味喜好，或增加汤水量或再加盐来调节咸淡，这样味道才会合口。可用海带水代替水，煮沸后放冷却来制作作料汤水。

萝卜头水泡菜制作方法

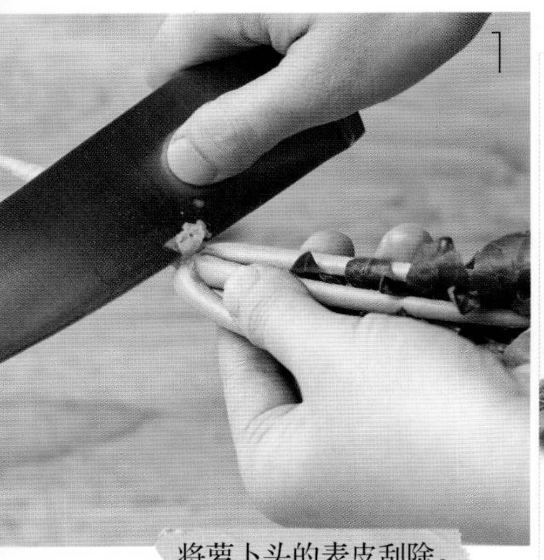

将萝卜头的表皮刮除。

洗净后沥除水分。

在盐水中腌渍萝卜。

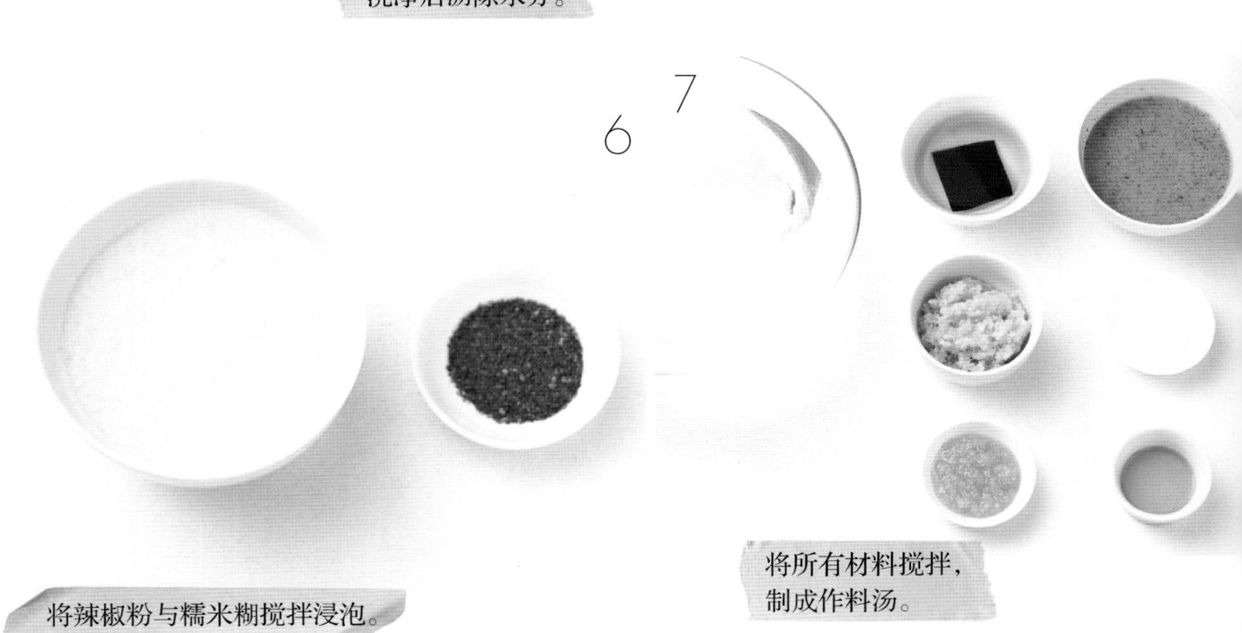

将辣椒粉与糯米糊搅拌浸泡。

将所有材料搅拌，制成作料汤。

4

将腌渍过的萝卜头和萝卜叶捞出，滤除水分。

5

将辣椒斜切成圈并去籽。

8

用滤网过滤作料汤。

9

将萝卜盛置到桶中，撒上辣椒圈。

10

浇洒汤水。

小萝卜片水泡菜，需少放辣椒粉或鱼酱，才会有爽口清脆的口感。

与白菜混搭

小萝卜片水泡菜

因是将萝卜切成一片片可一口食用的大小，所以起名为小萝卜片水泡菜。作为具有代表性的水泡菜之一，主材料是萝卜与白菜。任何季节都可腌制，味不辣，且任何人均可食用。其特征是不使用鱼酱，且少使用辣椒粉。味道鲜美，汤水更可作为一道奇味在夏季享用。

总量8.5升

萝卜1个，
白菜1棵，
粗盐1/2杯，
水芹30g，
小葱60g，
红辣椒3个

糯米糊1杯，
蒜泥1小匙，
生姜汁3大匙，
水4升，
辣椒粉1/2杯

01 用柔软的丝瓜瓤儿将萝卜搓洗，之后切成2cm厚的片。
02 将萝卜切成可一口食用的四方形小片。将白菜也切成四方形小片。
03 在萝卜与白菜中放入盐，一起搅拌后腌渍。
04 把萝卜与白菜的水分腌出，使其变软到可弯曲程度，去除菜生气。此时捞到滤网上，把盐水单独滤出。
05 把水芹洗净后，摘掉叶子，切成3cm长。
06 将小葱的葱根与杂叶去除，洗净后，切成3cm长。
07 将红辣椒斜切成辣椒圈。
08 把糯米糊、蒜泥、生姜汁、切好的红辣椒一起进行均匀搅拌，制成作料。
09 把步骤8的作料放到腌渍过的萝卜与白菜中，轻轻搅拌后，再与水芹和小葱搅拌，然后盛置到桶中。
10 用滤网将辣椒粉过滤到定量的水中，并加入步骤4的盐水来调试咸淡。
11 将步骤10调试好的汤水用细滤网过滤进泡菜桶中。
12 在室温中放置半天后，再放置到冷藏室3天左右，熟成即可食用。

+TIP

如果在作料汤水中调试咸淡，作料会变熟，因此需在腌渍过的萝卜与白菜的盐水中调试。
如果用大葱的话，仅用葱白部分即可，这样能防止葱中的津液流出，影响泡菜味。

小萝卜片水泡菜制作方法

将萝卜与白菜切成四方形小片。

用盐腌渍。

搅拌糯米糊、生姜汁、蒜泥、红辣椒。

将腌渍萝卜与白菜的水单独滤出。

在收拾好的材料中放入作料并搅拌。

将水芹与小葱切成3cm长。

把红辣椒斜切成辣椒圈。

盛置到桶中。

将辣椒粉滤溶到水中，并与之前滤出的盐水一起搅拌。

注洒到桶中。

03 奇味泡菜

맛
KIMCHI

黄瓜5个，韭菜1捆，像这样常见的材料便可制成奇味泡菜。在准备饭菜时，如果将其凉拌，便可以尽情品尝蔬菜的新鲜爽脆。如果将这些常见食材充分腌制后，还可作为米饭拌菜。如果你还处于泡菜制作的初级阶段，对腌制过冬泡菜有压力的话，可以尝试腌制方法较简单的奇味泡菜。在新鲜的当季蔬菜中放入辣椒粉与鱼酱，便可以品尝到奇妙的味道。

夹料黄瓜泡菜，腌渍黄瓜时，要将食材的水分充分腌出，这样清脆的口感与作料的美味

用拌有调料的韭菜与大葱填充而成

夹料黄瓜泡菜

夹料黄瓜泡菜有着清爽的黄瓜香，而且嚼起来十分清脆。淡淡的汤水与爽口的黄瓜，以及清香的韭菜，都有助于提升胃口。若一腌制便食用，可以品尝到黄瓜的鲜美；若熟成几日后，切碎放到白米饭上，再加入辣椒酱、香油、芝麻和盐后拌饭食用，味道也极好。

总量2升

黄瓜8根，
水6杯，
粗盐1/3杯，
韭菜250g，
洋葱1/2个

辣椒粉1/4杯，
海带水3/4杯，
糯米粉1/4大匙，
蒜泥1/4杯，
生姜汁1大匙，
鳀鱼液酱1/4杯

01 将黄瓜洗净，切成两半。用勺子将中间部分的籽剔除。

02 把粗盐放到定量的水中，煮开后将收拾好的黄瓜放入。

03 将黄瓜腌渍2小时后，不要用水涮洗，直接用滤网滤除水分。

04 将韭菜洗净，切成2~3cm长。

05 剥去洋葱皮，切成丝，然后再切成与韭菜一样的长度。

06 把糯米粉放在海带水中煮沸，制成糯米糊。

07 将辣椒粉、蒜泥、生姜汁、鳀鱼液酱加入到糯米糊中搅拌，浸泡10分钟后制成作料。

08 把作料放入韭菜与洋葱中，均匀搅拌制成馅。

09 将馅分成适当的量，填充到已剔除黄瓜籽的凹槽里。

10 将填充馅的部分朝上，整齐地放置到桶中。

11 在室温中放置1天后，再在冷藏室中放置3天熟成，之后即可食用。根据口味喜好的不同，不熟成直接食用亦可。

+TIP

夹料黄瓜泡菜可使用白黄瓜或刺黄瓜。在夹料泡菜的作料中拌入洋白菜或芝麻叶，可制成洋白菜泡菜或芝麻叶泡菜。用刀将洋葱或茄子划切出十字形口，将其内部掏空，用拌韭菜填充，熟成3日后食用，味道也极好。

夹料黄瓜制作方法

剔除黄瓜籽。

将盐放入水中煮开。

制作作料，浸泡10分钟。

把作料放入韭菜与洋葱中进行搅拌，制成馅。

3

放入黄瓜腌渍2小时后，
再滤出水分。

4

将韭菜与洋葱细切成丝。

7

将馅填充到黄瓜中。

8

整齐地放置于桶中。

用韭菜或洋葱腌制的泡菜，如果直接搅拌食用，可深感其美味与香气。

轻微搅拌后直接食用，或放置后食用

韭菜泡菜

韭菜泡菜特有的清爽浓香，可提升胃口。随便凉拌而成的韭菜泡菜，可在烤肉时食用或搭配各种汤类饮食。充分凉拌、去除菜青气的韭菜泡菜，完全能够成为可提升胃口的米饭咸拌菜。

总量1升

韭菜400g

生姜汁2大匙，
朝鲜酱油6大匙，
辣椒粉6大匙

01 将韭菜的杂叶与黄叶摘除，洗净后沥除水分。

02 将收拾过的韭菜切成5cm长。

03 把生姜汁、朝鲜酱油、辣椒粉一起搅拌，制成作料。

04 将作料放入韭菜中，并搅拌。

05 轻轻地将搅拌好的韭菜盛置到桶中，不要按压，盖上盖子保管。

06 可直接食用，但长时间熟成后更美味。

+TIP

韭菜泡菜是一道制作方法简单的菜品。将水芹、细葱、茼蒿等材料处理好，用同样的作料搅拌，亦很美味。用鳀鱼液酱或玉筋鱼酱代替朝鲜酱油放入，可使口味更加鲜美。根据每个人喜欢吃辣的程度不同，可放入辣椒粉搅拌食用，也可放入1大匙蒜泥，感受蜇辣与刺鼻之味。

韭菜泡菜制作方法

1

将韭菜切成5cm长。

2

搅拌材料，制成作料。

3

翻搅。

4

轻轻地盛置到桶中。

将香葱在清酱中腌渍出味

葱泡菜

辣味十足的葱泡菜，主要使用全罗道地区大量腌制食用的茎干粗实的香葱。香葱属于葱白较多的土种葱，较甜，适合于腌制泡菜。与芥菜泡菜一样，葱泡菜属于味道浓厚的泡菜，放入一些鳀鱼液酱，充分入味后再食用，这样才能品尝出葱泡菜的真假。

总量4升

香葱500g，
鳀鱼液酱1/4杯

辣椒粉1/2粉，
糯米糊1杯，
蒜泥1大匙

盐水
水1杯，
细盐1小匙

01 摘掉香葱的根与杂叶，洗净后，沥除水分。

02 把葱整齐地放置到大碗中，均匀地搅拌鳀鱼液酱并浇洒在葱上，腌渍30分钟，除去菜青气。

03 腌渍香葱时，将剩余的鳀鱼液酱单独过滤。

04 把辣椒粉、糯米糊、蒜泥与过滤好的鳀鱼液酱搅拌，制成作料。

05 将作料拌入腌渍过的香葱中，盛置到桶中。

06 在搅拌泡菜的碗中注入盐水，与作料调和后，注洒到泡菜桶里。

07 熟成20分钟后，即可食用。

+TIP

如果想增添甜味，可追加1大匙生姜汁。晚秋的香葱，正当季，因其固有的甜味较好，故即使不放生姜汁也行。将大葱四等分或切成长丝，用同样的作料搅拌，熟成后也可在吃烤肉时搭配食用。

葱泡菜制作方法

1 摘除香葱的根与子叶，并清洗。

2 在鳀鱼液酱中将香葱腌渍30分钟左右。

3

把腌渍香葱剩余的鳀鱼液酱与剩余的材料一起搅拌，制成作料。

4

将作料拌于香葱中。

5

盛置于桶中，将剩余的作料用盐水调和后，注洒入桶中。

用鱼酱、辣椒粉、糯米糊制成浓味作料。将雪菜泡菜与作料搅拌，长久腌熟后很美味。

略带苦香

雪菜泡菜

全罗道地区不可或缺的基本拌菜——雪菜泡菜。略微的苦香是雪菜特有的味道，但与辣椒粉一起进行充分的搅拌，可以成为提升胃口、独一无二的泡菜。雪菜在浓厚的鳀鱼酱与糯米糊中搅拌并进行长时间的熟成，可以减少辣味与鲜味，使美味倍增。

总量2升

雪菜1捆（850g），
水1杯，
粗盐1/2杯

干辣椒10个，
辣椒粉8大匙，
糯米糊1/2杯，
蒜泥2大匙，
生姜汁2小匙，
干辣椒籽2小匙，
鳀鱼液酱1/2杯

盐水

水1/2杯，
细盐1/4小匙

01 把雪菜洗净，摘除黄叶子，将根部黑色部分用刀切除。

02 将粗盐放入滚水中，溶化后把盐水浇洒到雪菜的厚茎部分。

03 腌渍2~4小时，并翻搅3~4次后，用滤网滤除水分。

04 摘除干辣椒蒂，用剪刀三等分，剔除辣椒籽。取2小匙辣椒籽，备用。

05 把处理好的干辣椒洗净，并用水泡20分钟。然后放到打碎机中，加入少量海带水打碎。

06 将打碎的干辣椒与辣椒粉、糯米糊、蒜泥、生姜汁、鳀鱼液酱、干辣椒籽均匀搅拌，浸泡10分钟后制成作料。

07 将作料均匀地涂抹在腌渍过的雪菜上。

08 然后将雪菜盛置到泡菜桶中。将剩余的作料用盐水调和后，注洒在桶中。

09 在室温中熟成1天后，放置于冷藏室1个月，熟成之后即可食用。

+TIP

雪菜虽然有青雪菜、红雪菜两种，但制作雪菜泡菜与雪菜种类无关。叶子泛紫光的雪菜比较有味，可与香葱搅拌并进行腌制。经过一个月熟成，美味才会出来。如果充分地撒入浮盐，可一直储藏到夏季。因雪菜叶子软，容易腌熟，因此腌渍时，主要将茎干部分泡入水中，过一会儿翻搅一次。

雪菜泡菜制作方法

1

将雪菜的黄叶与根去除。

2

用盐水将处理好的雪菜腌渍4小时。

3

滤除雪菜的水分。

4

将干辣椒三等分，并把辣椒籽剔除单独盛放。

5

将干辣椒浸泡并与少量海带水一起放入打碎机进行打碎。

6

均匀搅拌，制成作料。

7

将作料均匀地涂抹在腌渍过的雪菜上，之后盛置于桶中。

8

将剩余的作料用盐水调和后，注洒在桶中。

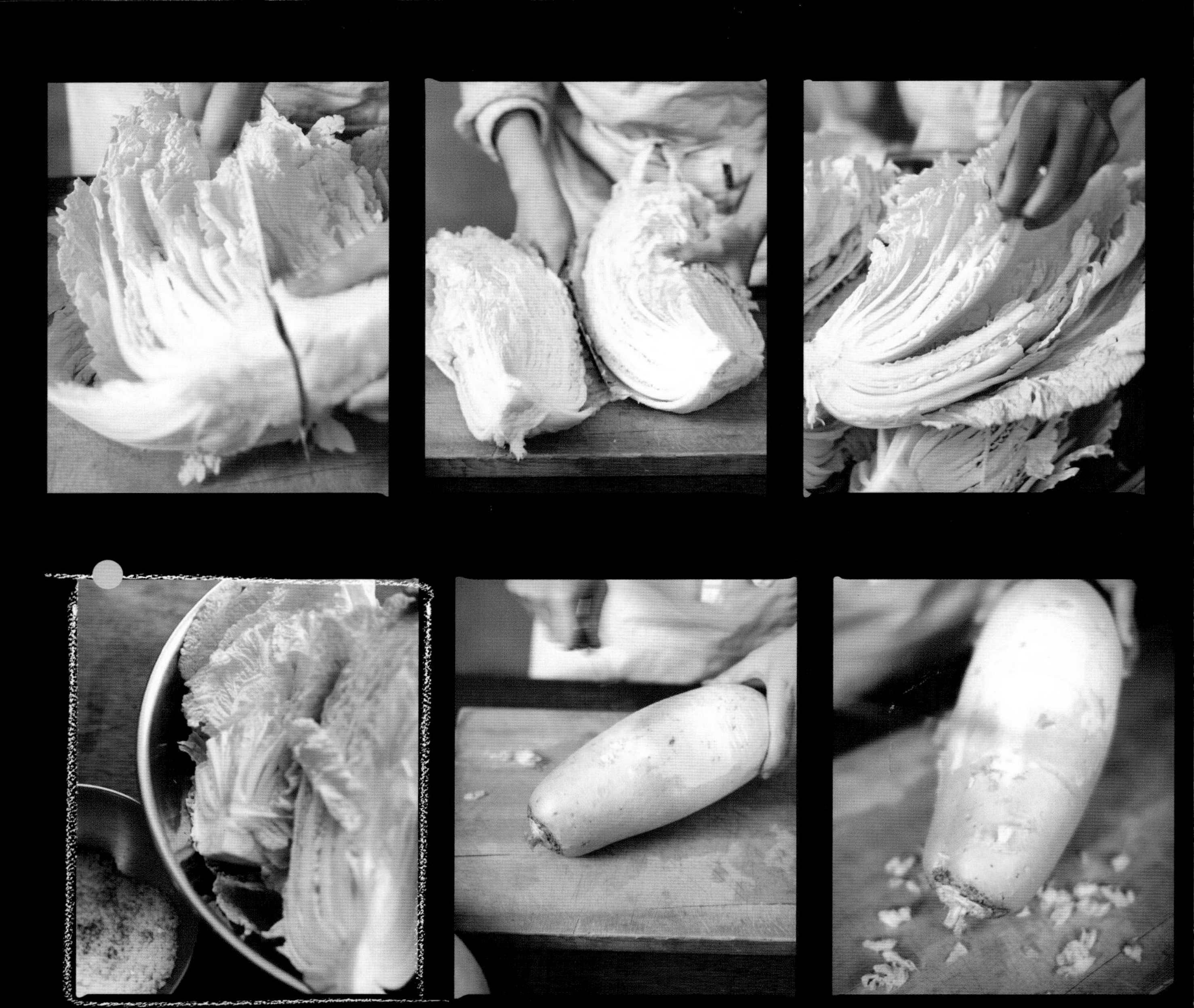

用酱油提味的**酱泡菜**，为不使其太咸，把味道调淡便显得十分重要。

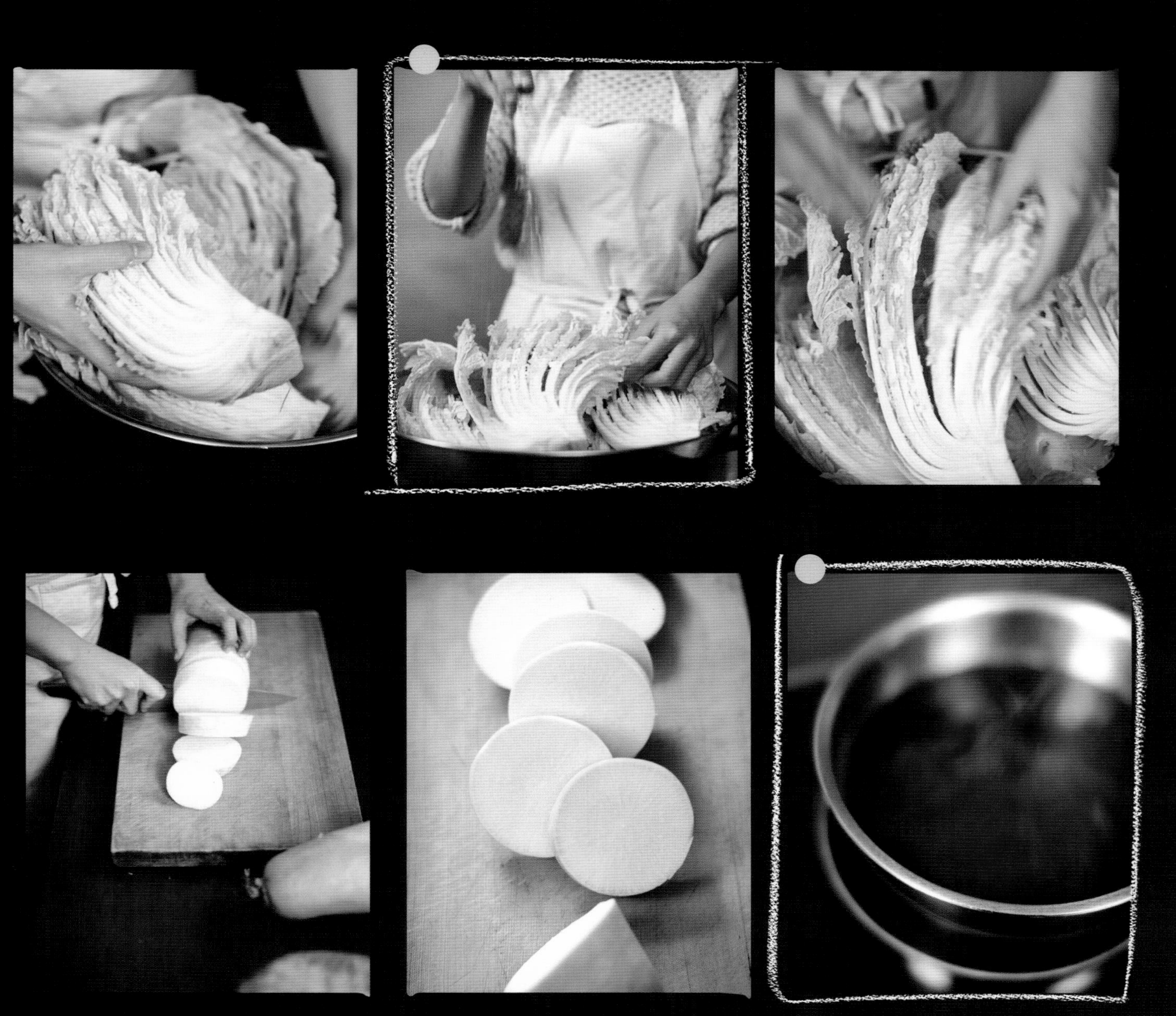

用酱油腌渍出味

酱泡菜

把酱油汤水煮沸，再放入材料腌渍而成的酱泡菜，与腌黄瓜的制作方法很相似。在酱油汤水中发酵的蔬菜，与用一般的盐腌制而成的泡菜味道是不同的。如果不使用鱼酱或辣椒粉，味道就较清淡，可作为小孩米粉配菜。搭配烤年糕或年糕汤也十分合适。

总量5.5升

腌渍过的白菜1棵，
萝卜1个

朝鲜酱油2杯，
苹果醋2杯，
砂糖2杯，
水4杯，
干辣椒3个

01 与一般腌渍白菜的方法一样，腌渍4小时后，清洗捞出。

02 将腌渍过的白菜掰成两半。

03 把萝卜洗净，切除萝卜根与萝卜头部分。用刀刮除萝卜皮后切成2cm厚的片。

04 将朝鲜酱油、苹果醋、砂糖放入锅中，边煮边搅，直到砂糖化开，制成作料。

05 将萝卜与腌渍过的白菜放入泡菜桶中，把干辣椒放入，再趁热将步骤4的作料放入并进行搅拌。

06 在阴凉处放置4天后，把汤水滤出煮沸并凉却，再次注入桶中，储藏于冷藏室中。

+TIP

像洋白菜、洋葱一样有韧性的蔬菜，均可成为酱泡菜的最佳材料。除白菜外，其余材料不需要特殊腌渍。还可放入香菇、石耳蘑菇、栗子、梨等，进行高级腌制，食用之前可将水芹切碎放入，也可放入松子或大枣等配料。

酱泡菜制作方法

切除萝卜头部分与根，刮除萝卜皮。

将萝卜切成2cm厚的片。

将酱油、食醋、砂糖放入水中煮开。

将白菜、萝卜、干辣椒盛于桶中，注入酱油汤水。

5

4天后滤出汤水再次煮开。

6

汤水冷却后再次注入。

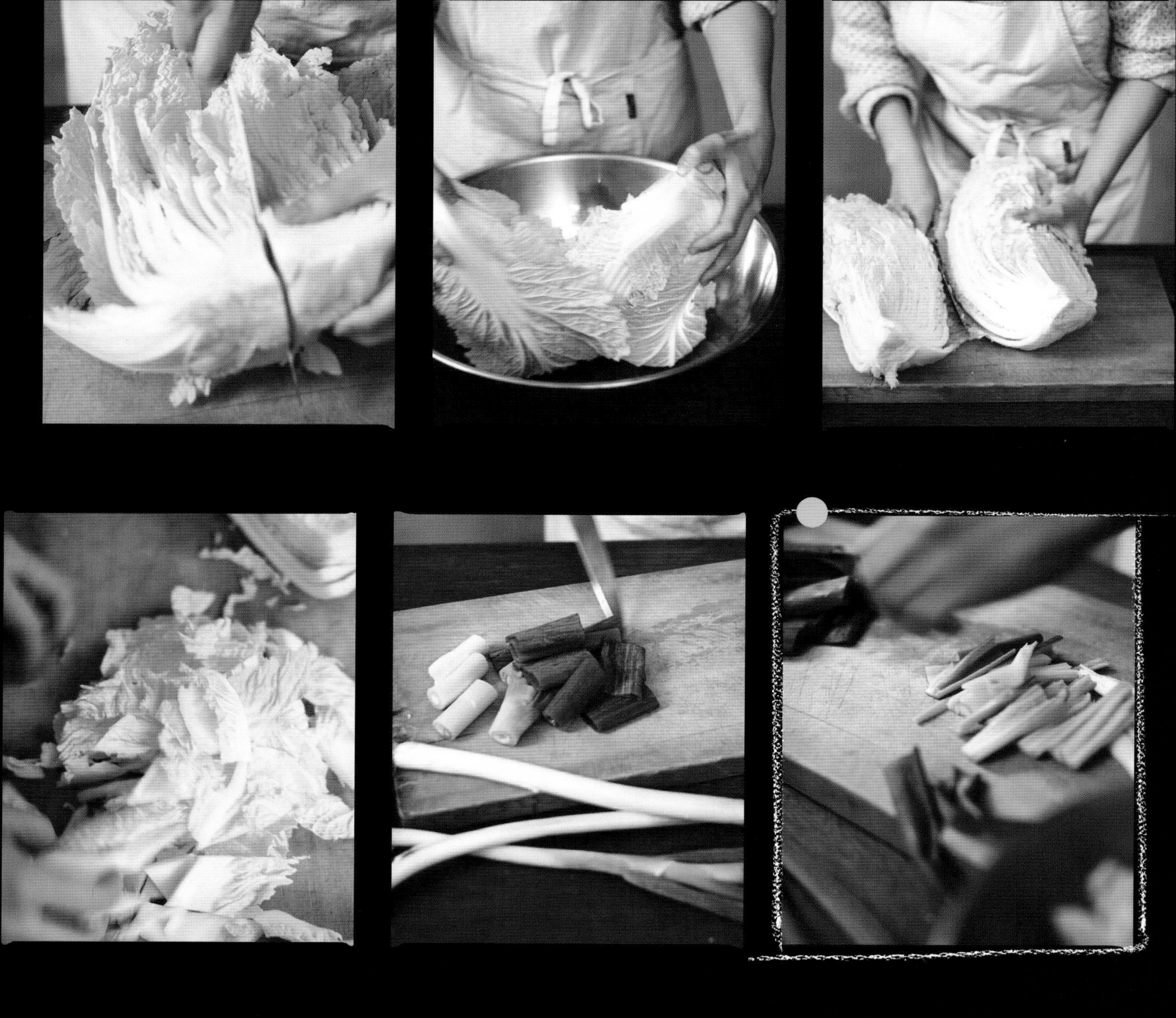

为了享受新鲜美味，**即食泡菜**在搅拌后，撒上芝麻便可以食用。

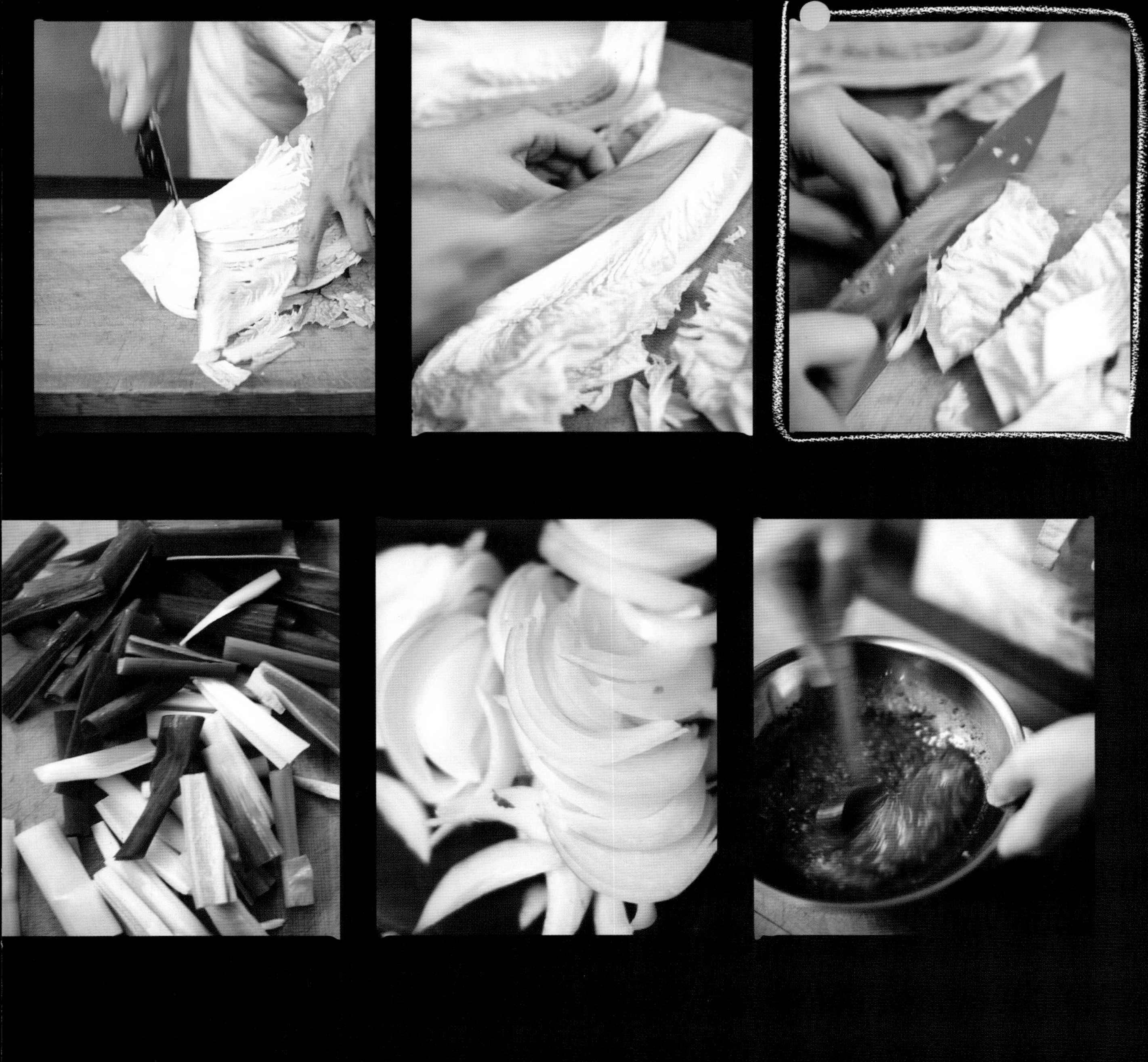

凉拌且好吃

即食泡菜

把白菜切成便于食用的大小，与作料随便一搅拌便可腌成即食泡菜。 因为是切过后腌制的泡菜，所以菜样没有整棵白菜泡菜那么美观。但它不受季节约束，每次少量腌制，可品尝到新鲜的美味。如果一搅拌便撒入芝麻食用，就可以品尝到清脆鲜美的白菜味。

总量4升

白菜1棵，
大葱2根，
洋葱1/2个，
韭菜50g

朝鲜酱油8大匙，
辣椒粉6大匙，
生姜汁4大匙，
蒜泥3大匙

01 把白菜洗净，四等分，然后斜切成可一口食用的大小。
02 去除大葱的根与杂叶，洗净后切成4cm长，之后再四等分。
03 剥除洋葱皮，切成厚丝。
04 去除韭菜的黄叶，洗净后切成4cm长。
05 把朝鲜酱油、辣椒粉、生姜汁、蒜泥均匀地进行搅拌，制成作料。
06 把收拾好的所有材料与作料进行搅拌。
07 搅拌后整齐地置于桶中，便可直接食用。或者放在室温中熟成1天，再置于冷藏室3天后，拿出食用。

+TIP

制作即食泡菜，也可以用我们冰箱中的其他蔬菜。用洋白菜代替白菜腌制，便是最普通的一种。而胡萝卜、洋葱、黄瓜、水芹等有韧性且生食较好的蔬菜，均可以自由搅拌。

即食泡菜制作方法

1

将蔬菜切成方便食用的大小。

2

制作作料。

3

将蔬菜与作料均匀搅拌。

4

盛置于桶中。

包卷泡菜。 如果想要把硬萝卜的味道完全腌出，那就一定要挤出水分后，与作料搅拌。

与清淡肉食搭配食用

包卷泡菜

将腌渍过的硬萝卜与美味的作料搅拌，制作成即可食用的泡菜。腌渍过的萝卜一定要挤出水分。因直接凉拌食用味道很好，故可在腌渍好的材料中，根据自己的需要放作料搅拌。可与熟肉、菜包肉、清蒸肉等清淡肉食料理搭配食用。

总量1升

腌渍过的白菜1棵，
萝卜1个，
粗盐3大匙，
砂糖4大匙，
香葱50g，
坚果类（核桃、松子等）4大匙

辣椒粉1杯，
蒜泥4大匙，
生姜汁1/2杯，
梅子汁1/2杯，
鳀鱼液酱1/3杯

01 把萝卜洗净，切除萝卜头部分与根。用刀刮除萝卜皮后切成5cm长的块，之后再切成1.5cm粗的条。
02 在萝卜条中撒入粗盐与砂糖，腌渍8小时左右。
03 去除香葱的根与杂叶，洗净后切成4cm长。
04 将腌渍过的萝卜，用滤网滤除水分，之后裹上棉布挤干水分。
05 把腌渍过的白菜切掉1/4。
06 将定量的作料材料均匀地搅拌。
07 在腌渍的白菜叶上薄薄地抹上步骤6的作料，再切成便于食用的大小。
08 把剩余的作料与萝卜、香葱、坚果等一起搅拌后即可食用。
09 步骤7的白菜与步骤8的萝卜可搭配一起食用。

+TIP

如果放入多样的坚果，不仅可以提升营养价值，而且可以增添香味与嚼感。 也可将其与冬天新鲜的牡蛎一起搅拌食用，或将水芹、韭菜、细葱、梨、苹果等切成丝加入搅拌。

包卷泡菜制作方法

将萝卜收拾好，刮除萝卜皮。

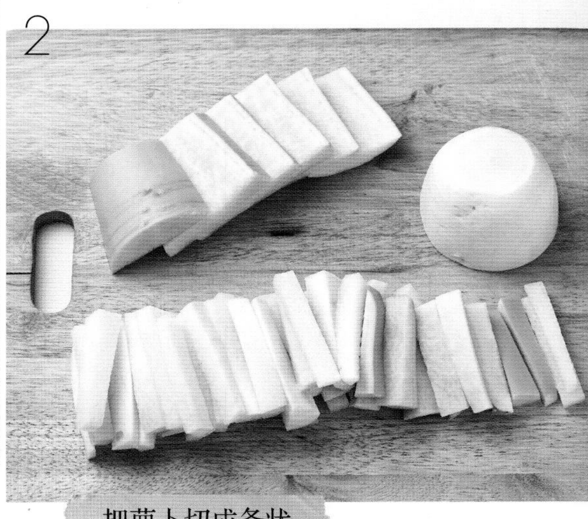

把萝卜切成条状。

把腌渍过的萝卜挤除水分。

搅拌所有的作料材料。

放入盐和砂糖进行腌渍。

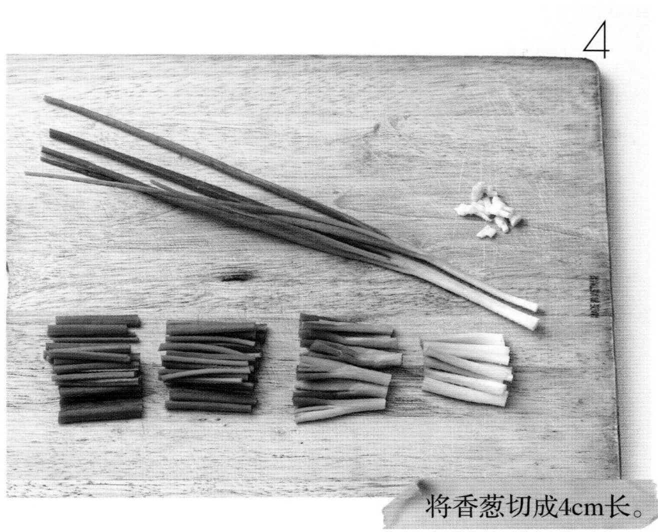

将香葱切成4cm长。

在腌渍过的白菜叶上涂抹作料，
并切成便于食用的大小。

把萝卜、香葱、坚果等用剩余的作料
进行搅拌后，即可与白菜一起食用。

04 泡菜的美味作料

盐是关乎泡菜味道、营养、发酵的最重要的作料。

把材料腌渍出咸味

盐

腌制泡菜时无论如何都需要用盐。盐可以给予蔬菜咸味，可以催出蔬菜中含有的养分，并可以保持蔬菜固有的口感。而且，盐有助于乳酸菌活动，使泡菜能够更好地熟成，是搭配调和各种材料味道所必需的作料。腌渍材料时使用粗盐，最后提味和制作调和作料的盐水时使用细盐。

粗盐

粗盐主要用于腌渍食材。可以把盐直接撒入，也可以制成盐水腌渍。粗盐大部分都是韩国产的千日盐。千日盐是把海水引入盐田，在自然状态下蒸发而成的盐。千日盐**除去卤水才会出咸味，因此需要使用除去卤水3日的盐**来腌制泡菜。千日盐盐团粗，半透明，刚开始品尝是咸的，但后味是甜的。用手搅拌粗盐时，**虽然潮湿，但有稍硬细腻之感。**而且**盐粒子的角都很平坦且不能打碎。**色相发黑的盐一般都是韩国产的，不含化学成分。而含有化学成分的盐虽可以很轻易地腌熟泡菜，但最好还是不要用。腌渍泡菜时，如果将粗盐溶解在煮开的水中，再用盐水腌渍材料，不仅可以缩短时间，提高材料的清脆食感，而且，盐分能与材料的各个部分都接触，从而可以全面均匀地进行腌渍。一般先把材料有韧劲、较厚的部分进行腌渍，之后再腌渍柔软的部分。把粗盐放入竹子或陶瓷中，在经过一定的温度与时间烤焙后，便可使用烤盐。

细盐

细盐在调试泡菜作料的咸淡或制作调和作料的盐水时使用。细盐是将粗盐置于锅中炒后而成的盐，也可以把竹子或陶瓷中的烤盐打碎当作细盐使用。**如果使用含有化学成分的盐，会妨碍泡菜发酵，使材料散发异常气味或者可轻易变软发酸。**因此制作泡菜的盐一定要确保是天然成分的盐。如果没有细盐，用粗盐制成的盐水来调味也行。

辣椒
辣椒粉
干辣椒
辣椒虽有蜇嗓子的辣味，
但却有助于杀菌与发酵。

有蜇嗓子辣味

辣椒

辣椒是使泡菜出辣味的最重要的材料。辣椒不仅可以出味而且有利于泡菜的储藏。如果在泡菜中放入辣椒或辣椒粉，不仅可以防止蔬菜与鱼酱变酸，而且有助于保持发酵的味道。在这一点上，辣椒发挥着重要的作用。如果想要更为爽辣的泡菜味，可在作料中拌入干辣椒籽。

辣椒

红辣椒与青阳辣椒是泡菜作料中使用最多的。但是，像青辣椒、黄瓜辣椒这种辣味较弱的辣椒，它们不能用于作料中，也不能成为泡菜的主材料。红辣椒主要用于提升味道清淡的泡菜的爽辣之味。青阳辣椒根据口味，在想要更辣时放入。**如果是拌于调料中制作即可食用的泡菜，可直接放入；如果是汤水泡菜，要先把辣椒涮过，剔除辣椒籽再放入，味道更爽口。**大量鱼酱或碎干辣椒制成的作料会影响泡菜的色相，用这种作料搅拌而成的泡菜颜色会变污浊，但此时如果再把红辣椒搅碎，拌于作料中，便会有好的色相。

干辣椒

干辣椒，由于干燥方法的不同，有在阳光下晒干的，也有用机器干燥而成的。购买100%晒干的太阳椒很难，但先经太阳晒干，再用机器干燥的韩国产辣椒却是很容易买到的。**有着鲜明的红色与光泽，且表皮厚实的**辣椒才有味。**辣椒蒂不粗且为黄色的才是经过正常干燥而成的。**如果把干辣椒泡过水再打碎，搅拌于作料中，颜色会更加鲜明，味道也会更加丰富。如果加入干辣椒籽，其蜇嗓子的辣味能提升胃口。越是大量加入各种鱼酱或副材料的泡菜，放入干辣椒与辣椒籽作料后，其味道便会越合口且发酵也会更完美。

辣椒粉

腌制泡菜的辣椒粉最好还是要带点辣味的。放有鱼酱的泡菜就一定要放辣椒粉，因为辣椒粉有防腐剂的作用。**比起过粗或过细的辣椒粉，不粗不细、中等的辣椒粉**用于作料时更容易调试浓度。比起把辣椒粉直接放入收拾好的蔬菜中进行搅拌，不如先把其放入鱼酱汤水或糊中浸泡，之后再进行搅拌，这样作料会更均匀，色相也完美。购买时一定要确保是洗净晾干的红色韩国产辣椒制作而成的辣椒粉，**红色均衡，没有杂质且有特殊的辣香。**用机器干燥的红辣椒粉，色相深且甜味较少，而太阳椒粉虽颜色浅但甜味好，能出美味。

鱼酱与酱油，可增添泡菜的鲜味。

与咸味一起，腌渍出美味

鱼酱

鱼酱可直接当成小菜食用，也可以放入泡菜中作为调味的作料。经常用于泡菜的鱼酱有虾米酱、鳀鱼酱、黄石鱼酱或黄花鱼酱。朝鲜酱油作为与鱼酱一起的发酵的调料，它是腌渍出泡菜的咸味与美味不可缺少的作料。

虾米酱

虾米酱，即虾米，是无关地域、食用最多的一种鱼酱。（在韩国，虾米常常被装入罐子中，稍稍腌制后，作为一种特殊的鱼酱。）虾米不仅用于腌制泡菜，而且可放入炒菜、凉拌菜、汤水中用来提味，也可像葱、蒜、香油、辣椒粉一样，当成佐餐的作料。常见的虾米有：青虾米、西海岸虾米、冬白虾米、五月虾米、六月虾米、秋虾米、冬夏虾米等。**腌制泡菜时主要使用6月份捕捉的虾所制成的六月虾米。其呈浅红色，皮薄肉多，是诸多虾米中的一等品。**虾米不仅能提升泡菜的鲜味，而且可增加清爽口感，可与多种蔬菜或作料搭配。

鳀鱼酱

鳀鱼酱可调和泡菜基本味道，分为带汤料的鲜酱与只有汤水的液酱两种。**腌制泡菜时主要使用腥味小、颜色浅的液酱。**对于长期浸泡后食用的泡菜，可将鲜酱与虾米一起放入，越熟成味道越浓厚。如果只用鳀鱼酱来提味，泡菜会颜色变深或味道发涩，因此与虾米、朝鲜酱油一起搅拌放入。春季腌成的鳀鱼酱叫春酱，秋季腌成的叫秋酱，但春酱更有味。**而最好的鳀鱼液酱颜色清凉，没有腥味且不咸。**

黄石鱼酱

黄石鱼长相与小黄花鱼相似，因此可用黄花鱼酱代替黄石鱼酱。韩国中部地区称为黄石鱼酱，而全罗道地区称为黄松鱼酱、黄线鱼酱，主要用于腌制泡菜。可整体放入泡菜中，但**大部分都是将肉打碎，与汤水搅拌并煮一次，放入泡菜作料中。**味道香美，更适合与清淡味轻的泡菜搭配食用。想使泡菜汤的味道更佳、更浓郁时，可放入此酱。当作小菜食用时，把肉剁碎拌于作料中或加入少量水蒸食更有味。

朝鲜酱油

朝鲜酱油与鱼酱一起可增添泡菜的咸味，有助于多种食材的发酵。在不放入蒜、葱等出味作料或辣椒粉而腌制的泡菜中，朝鲜酱油是不可或缺的重要调料。**放入酱油而腌制的泡菜，可以减少发酵的味道，而且随着时间的流逝，味道变化较小。**如果搅拌鱼酱与朝鲜酱油，腌制泡菜，可以去除鱼酱的腥味，提升美味。

生姜汁有助于泡菜的发
酵，去除过度的酸味。
生姜汁
砂糖
梅子汁

有隐隐甜味

汁与砂糖

泡菜主要用盐、鱼酱、辣椒粉出味，但如果追加少许甜味，可品尝到更深厚的味道。尤其对于不大量使用鱼酱、味道清淡的泡菜，如果放入甜味材料，便能品尝到清爽之味。砂糖作为出甜味的材料最容易找到，但若活用天然材料，使用胡萝卜汁或当季水果更好。

生姜汁

如果把生姜大量放入泡菜中会出苦味，所以最好在生姜末中加入砂糖，熟成后制成生姜汁。生姜与砂糖可单独放入，但都是没有熟成的材料，与生姜汁相比，味道不够浓厚且不柔软。市场中有卖生姜汁的，但生姜的含有量少，会减弱特有的香气与味道，因此可再加入些许打碎的生姜。

梅子汁

摘除梅子蒂，与相同量的砂糖搅拌，经过一定时间的腌渍后，滤出液体，这便是梅子汁。味甜且香气清爽。**如果把梅子汁放入泡菜中，则有助于发酵，也可以去除其他材料的杂味。**梅子汁与砂糖的不同点是：**不会使材料熟过头，可使用于长久放置食用的泡菜。**苹果或梨汁虽可代替梅子汁放入，但甜味不强且有水分流出，因此要注意。

梅子汁的做法：将1kg大且肉多的青梅果洗净，沥干后摘掉梅子蒂。准备1kg砂糖，将梅子果与砂糖一层层地盛置到已消毒的密封容器中，最后撒上一层厚厚的砂糖，将梅子完全覆盖。盖上盖子，放置到砂糖完全溶化，均匀地搅拌后将梅子汁滤出。

砂糖

砂糖虽然不是泡菜经常使用的材料，但**如果每次少放一点，味道会很好且发酵也会加速。**但如果砂糖量多的话，泡菜会变熟且味甜，从而无法食用。**对于长期不熟成且可直接食用的泡菜，可以放入砂糖。而已加入多种鱼酱或作料且熟成后的泡菜不适合放入砂糖。**腌制泡菜时，使用白砂糖或黄砂糖均可以。但与其将砂糖直接搅拌于作料中，不如使用生姜或梅子果等与砂糖腌渍而成的生姜汁或梅子汁，或使用其他甜味的水果汁。

糊水
糊水可调和作料，
有助于发酵。
糯米粉
米粉

糊水与料汤

用谷物粉或含淀粉的蔬菜制成的糊水，根据泡菜种类的不同，加入的量也不同，但糊水却是泡菜必需的材料。如果在泡菜中放入糊水，熟成期间甜味会变好，且能够成为乳酸菌的饲料，从而促进发酵。此外，像辣椒粉、蒜泥、液酱一样，糊水可均匀地调和其他作料、材料，可使附在材料上的作料渗透到内部，从而更加入味。

糊水

糊水是用糯米粉、粳米粉、面粉等多种材料制成的。根据口味的不同，也可搅拌多种杂谷粉或打碎含有淀粉的土豆或红薯，以此代替糊水放入。因糊水有助于泡菜发酵，对于长期放置食用的泡菜要少放，且炎热的夏季要少放，冬天最好充分放入。**对于放有大量鱼酱与辣椒粉的泡菜，需将熬稠的糊水放入，这样才会更美味。另外，面粉熬成的糊水与腌制得清淡爽口的泡菜较搭配。**也可用米粉熬成糊水，没有米粉时，可在浸泡过的米中放入充足的水，像煮粥一样稀稀地煮开使用即可。因为随着发酵，米粒会消解变熟，所以不用担心。**在腌制小萝卜泡菜或萝卜头泡菜时一定要放入熬成的糊水，这样才不会有菜青气。**糊水如果有少量剩余，可与盐水搅拌，调和作料，将碗中剩余的作料调和冲涮干净。

料汤

腌制泡菜时，如果用料汤代替清水，可使味道更加鲜美。海带水可用于各种泡菜中，泡蘑菇水、蔬菜汤水、鳀鱼肉汤等也经常使用。料汤把材料中的味道都冲泡了出来，如果把**此种料汤放入泡菜中，就可以少用盐或鱼酱，且有去除其他材料的腥味或菜青气的作用。**料汤中可溶入粉末，熬成糊水；调制作料时，也可用料汤代替水搅拌。如果没有事先准备料汤的话，熬糊时可放入零星蔬菜、海带、鳀鱼等，熬成糊水后放置冷却，然后捞出或过滤。

海带水（2杯）在锅中放入2杯水与一块海带（边长约5cm大小）煮沸。开始沸腾时直接关火，浸泡3小时后，捞出海带。

大蒜和生姜对泡菜中含有各种味道与香气的蔬菜起重要的调和作用。
大蒜
生姜

有多种味道与香气

作料和蔬菜

泡菜中使用的主材料，除白菜或萝卜外，还需要有多重味道与香气的蔬菜。大蒜的刺鼻、生姜的烈味、香葱与洋葱的微甜、雪菜的微苦、韭菜的清香等都需要调和。如此多样的材料，在作料中搅拌发酵，便可用来调和泡菜的味道。

大蒜

大蒜有着刺鼻的辣味，香气独特。**它有杀菌作用与防腐剂的效果，能防止泡菜腐坏。**摘除大蒜蒂，捣碎或者剁碎放入泡菜中，可使泡菜味道更好；**如果使用打碎机的话，不要打太细，稍微粗点。**市场中卖的蒜泥，做饭时放入一点是没有问题的，但如果放在泡菜中，则会产生很多津液。对于制作泡菜的蒜，辣味强，水分少，**表皮呈紫朱色，蒜粒平滑，蒜柱粗大的才是好蒜。**

生姜

生姜是泡菜绝不可缺少的材料。但是**放多了的话，会产生苦味**。对于长久放置食用的泡菜，需少放生姜；对于汤水泡菜，可用生姜片代替姜块放入，这样会更爽口。**如果过多地剥除生姜皮，生姜独特的味道与香气便会减弱，**因此用勺子刮除或用粗糙的丝瓜瓤搓除即可。

香葱与小葱

腌制泡菜时，**比起有着光滑津液的大葱而言，味道辣爽且微甜的香葱或小葱更合适。**根部圆实，叶子有光泽，整体长度稍短的为好香葱。茎干结实，葱白部分较多的小葱味道较好。

雪菜

散发微苦味道与香气的雪菜是上等雪菜，它是泡菜奇味材料中的一种。**不同品种的雪菜味道虽然没有特别的差异，但青雪菜一般使用于水萝卜泡菜或白泡菜，红雪菜一般使用于作料中。**如果雪菜长期腌渍，其水分会流失从而变韧，因此在盐水中稍稍腌渍，味道才好。雪菜最好茎较长、叶子大且厚实。

韭菜

韭菜因其独特的香气，是能为泡菜加味的材料。**嫩韭菜味道与香气较浓。颜色深、叶稍短的韭菜比较新鲜。**因韭菜的菜青气去除速度较快，故无需腌渍，直接搅拌腌制泡菜即可。切韭菜时，如果切得太碎，泡菜的菜相会很难看，因此最好切成4~5cm长。

洋葱

微辣且甜、嚼感清脆的洋葱为好洋葱，主要用于腌制爽口泡菜。整体较圆且末端尖、用手按压较结实的洋葱，水分多且味道好。**洋葱不适合用于长久熟成的泡菜。如果将洋葱切碎放入泡菜中，泡菜汤水会过甜，因此最好切成丝放入。**

一目了然

作料搭配表

在这里，主材料的量以及作料的搭配一目了然。在腌制少量泡菜的情况下参考此表，可使腌制更加简单。主要用于腌渍泡菜和制作作料时，搅拌后品尝咸淡，调成合适的口味。

※ 1棵白菜以2.5kg为基准。
※ 1个萝卜以1kg为基准。
※ 1杯（C）的基准为200ml，一大匙（T）为15ml，1小匙（t）为5ml。
※ 使用与海带水一类的料汤，泡菜味道会更加鲜美。
※ 用来调试泡菜咸淡的细盐量，不包含在作料搭配中。
※ 调和作料的盐水量，不包含在作料搭配中。
※ 根据粗盐种类的不同，咸味也有差异，因此腌渍时最好尝一下咸淡。

白菜泡菜作料

	主材料	粗盐	辣椒粉	虾米	鳀鱼液酱	蒜泥	生姜汁	糯米糊	水	其他
腌渍白菜	2棵	2C							2L	
白菜泡菜	2棵		1C	2/3C		8T	4T	2C	2C	
全罗道式泡菜	2棵		1/2C	1/4C	1/2C	8T	4T	2C	2C	生虾100g 干辣椒50g 鳀鱼鲜酱1T
白泡菜	2棵	*1C		1/3C					2L	梨1个 蒜8颗 生姜2块
小白菜水泡菜	1捆	*1T			1/4C	2C	2T	5C		梅子汁2T

*处粗盐为腌渍用。

萝卜泡菜作料

	主材料	粗盐	辣椒粉	虾米	鳀鱼液酱	蒜泥	生姜汁	糯米糊	水	其他
萝卜块泡菜	2个	1/3C	2/3C	1/4C		1T	4T			
萝卜片泡菜	2个	1/4C	1/3C	1T	1/3C	1T	2T	1/2C		
小萝卜泡菜	1捆	5/3C	3/4C	1T	1/3C	1/3C	3T	3C		
水萝卜泡菜	4个	*1/2C							4L	生姜1/2块 青雪菜350g 青阳辣椒5个 干辣椒5个
萝卜头泡菜	1捆	4T	12T			4T	8T	2C		朝鲜酱油3/4C
萝卜头水泡菜	1捆	1/3C	2t		1T	1/3C	1T	2C	3L	
小萝卜片 水泡菜	白菜1棵 萝卜1个	1/2C	1/2C			1t	3T	1C	4L	

*处粗盐为腌渍用。

奇味泡菜作料

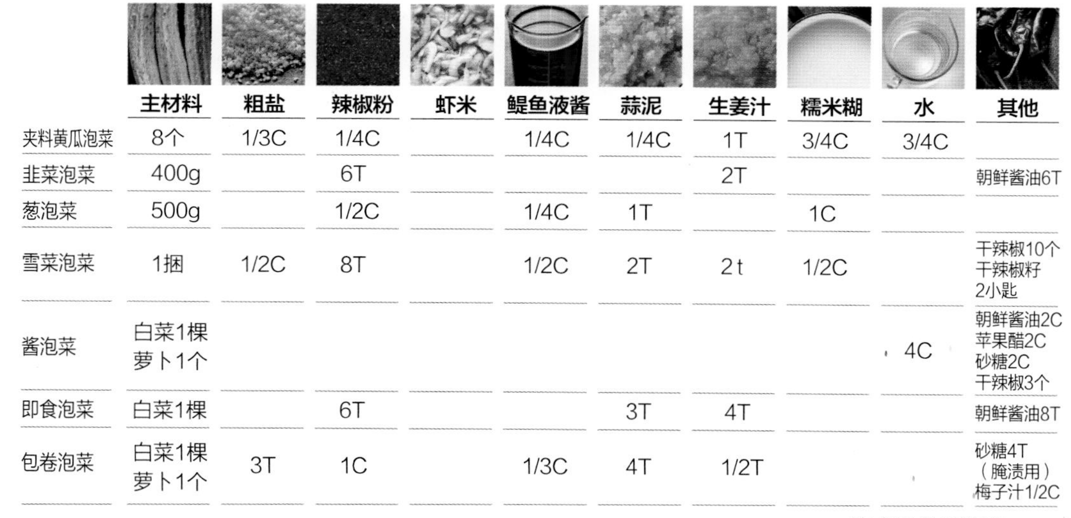

	主材料	粗盐	辣椒粉	虾米	鳀鱼液酱	蒜泥	生姜汁	糯米糊	水	其他
夹料黄瓜泡菜	8个	1/3C	1/4C		1/4C	1/4C	1T	3/4C	3/4C	
韭菜泡菜	400g		6T				2T			朝鲜酱油6T
葱泡菜	500g		1/2C		1/4C	1T		1C		
雪菜泡菜	1捆	1/2C	8T		1/2C	2T	2t	1/2C		干辣椒10个 干辣椒籽 2小匙
酱泡菜	白菜1棵 萝卜1个								4C	朝鲜酱油2C 苹果醋2C 砂糖2C 干辣椒3个
即食泡菜	白菜1棵		6T			3T	4T			朝鲜酱油8T
包卷泡菜	白菜1棵 萝卜1个	3T	1C		1/3C	4T	1/2T			砂糖4T （腌渍用） 梅子汁1/2C

*处粗盐为腌渍用。

著作权合同登记号：图字16-2014-234
김치 泡菜

图书在版编目（CIP）数据

最简单、最健康、最地道的韩国泡菜 /（韩）文仁暎著；郭永强译. —郑州：中原农民出版社，2015.10
ISBN 978-7-5542-1283-7

Ⅰ.①最… Ⅱ.①文… ②郭… Ⅲ.①泡菜－蔬菜加工－韩国 Ⅳ.①TS255.54

中国版本图书馆CIP数据核字（2015）第211611号

出版：中原出版传媒集团　中原农民出版社
地址：郑州市经五路66号
邮编：450002
电话：0371-65751257
印刷：河南省瑞光印务股份有限公司
成品尺寸：205mm×220mm
印张：9
字数：120千字
版次：2015年10月第1版
印次：2015年10月第1次印刷
定价：42.00元